Springer Wien New York

Bernhard J. Mitterauer

Verlust der Selbst-Grenzen

Entwurf einer interdisziplinären Theorie der Schizophrenie

SpringerWienNewYork

Univ. Prof. Dr. med. Bernhard J. Mitterauer
Institut für Forensische Neuropsychiatrie, Universität Salzburg und
Sonderstation für Forensische Psychiatrie,
I. Psychiatrische Universitätsklinik,
Medizinische Privatuniversität Salzburg,
Ignaz-Harrer-Straße 79, 5020 Salzburg
Österreich

e-mail: bernhard.mitterauer@sbg.ac.at
home page: http://www.sbg.ac.at/fps/home.htm

Das Werk ist urheberrechtlich geschützt.
Die dadurch begründeten Rechte, insbesondere die der Überset-
zung, des Nachdruckes, der Entnahme von Abbildungen, der Funk-
sendung, der Wiedergabe auf fotomechanischem oder ähnlichem
Wege und der Speicherung in Datenverarbeitungsanlagen, bleiben,
auch bei nur auszugsweiser Verwertung, vorbehalten.

© 2005 Springer-Verlag/Wien

SpringerWienNewYork ist ein Unternehmen von
Springer Science + Business Media
springer.at

Die Wiedergabe von Gebrauchsnamen, Handelsnamen, Warenbe-
zeichnungen usw. in diesem Buch berechtigt auch ohne besondere
Kennzeichnung nicht zu der Annahme, dass solche Namen im Sinne der Warenzeichen- und Markenschutz-Gesetzgebung als frei zu
betrachten wären und daher von jedermann benutzt werden dürften.

Satz: Datenkonvertierung durch R&R, 3423 St. Andrä-Wördern,
Österreich
Druck: Gutenberg Druck GmbH, 2700 Wiener Neustadt, Österreich

Umschlagabbildung: Peter Pongratz – Porträt des schizophrenen
Johann Hauser, 1967 (Gouache, Wachskreide und Graphit auf Papier)

Gedruckt auf säurefreiem, chlorfrei gebleichtem Papier – TCF
SPIN: 11348696

Bibliografische Information Der Deutschen Bibliothek
Die Deutsche Bibliothek verzeichnet diese Publikation in der
Deutschen Nationalbibliografie; detaillierte bibliografische Daten
sind im Internet über <http://dnb.ddb.de> abrufbar.

Mit zahlreichen Abbildungen

ISBN 3-211-23836-0 SpringerWienNewYork

Unseren Patienten gewidmet

Danksagung

In den Text der vorliegenden Monographie sind die
täglichen Diskussionen mit meiner Stationsärztin
Frau Dr. Buschmann eingeflossen. Ihren Anregun-
gen und ihrem Engagement gilt mein besonderer
Dank. Aber auch das gesamte Team der Sonderstation für Forensische Psychiatrie der Christian-Doppler-Klinik Salzburg versucht bereits, diesen neuen
Ansatz zum besseren Verständnis schizophrener Patienten durch einen einfühlenden Umgang mit ihnen
in die Tat umzusetzen. Auch dafür danke ich sehr.

Ferner bin ich Herrn Nöhmer sowie Herrn Dr. Klopf
für die Erstellung der Abbildungen und Tabellen zu
Dank verpflichtet. Nicht zuletzt bedanke ich mich
bei Frau Weiß für das begeisterte Schreiben des Tex-
tes sowie für die Organisation des Buchprojektes.

Inhaltsverzeichnis

Einführung in die Thematik 1

**Theorie des Verlustes der Selbst-Grenzen in der
Schizophrenie** 5

Das Konzept des Selbst 13

Verlust der Selbst-Grenzen 17
  Biologische Hypothesen 17
    – Einführende Bemerkungen 17
  Molekulare Hypothese 18
  Modell der tripartiten Synapse – Synaptische
  Hypothese 21
    – Unbalancierte tripartite Synapsen als patho-
      physiologisches Modell der Schizophrenie 29
  Verlust der glialen Grenzen setzenden Funktion –
  Zelluläre Hypothese 33
    – Die Grenzen setzende Funktion des glialen
      Systems in seiner Interaktion mit dem neuro-
      nalen System 33
    – Verlust der glialen Grenzen setzenden Funktion
      in neuronalen Netzwerken 37
  Verlust der begrifflichen Grenzen in der schizophre-
  nen Symptomatik 41

**Das schizophrene Zeiterleben – Philosophische
Hypothese** 45
  Verlust der Selbst-Grenzen – Panpsychismus und
  Doppelgängertum 48

**Wahn ist totale Eigenbeziehung – Kommunikative
Hypothese** 53
  Mythos der wahnhaften Nicht-Machbarkeit
  menschlicher Begegnung – Narziss und Echo 57

Holismus und „schizophrene" Todeserlebnisse 63

Klinische Korrelate 67

Interpretation des Verlustes der räumlichen Selbst-
Grenzen 67

Interpretation des Verlustes der zeitlichen Selbst-
Grenzen 70

**Kasuistisches „Beweismaterial" – Verlust der Selbst-
Grenzen** 73

Fall 1: Totale wahnhafte Eigenbeziehung
(Autoreferenz) 73
– Krankheitsverlauf 74
– Interpretation 79

Fall 2: Verlust der Selbst-Grenzen, Doppelgängertum
und Todeserlebnisse 80
– Über sein wahnhaftes Wirklichkeitserleben
berichtet der Patient Folgendes 81
– Interpretation 84

Fall 3: Halluzinatorischer Verlust der Selbst-Grenzen
und Panpsychismus 87
– Lebensgeschichte 87
– Interpretation 100

Fall 4: Der Verlust der Selbst-Grenzen als
„ewiges Jetzt" 101
– Interpretation 103

Fall 5: Verlust der Selbst-Grenzen als holistischer
Größenwahn und Pantheismus 104
– Interpretation 107

Fall 6: Dysintentionalität und Schwangerschaftswahn 108
– Interpretation 112

Fall 7: Verlust und Wiedergewinn der Selbst-Grenzen 113
– Krankheitsverlauf 115
– Interpretation 120

Exkurs: Kurt Gödel – Geniale Dysintentionalität und
Vergiftungswahn 123
– Interpretation 127

Ausblicke 131

Literatur 135

Einführung in die Thematik

Die Hauptsymptome der akuten Schizophrenie, deren Ätiopathogenese noch immer der Aufklärung harrt, sind Wahnideen, Halluzinationen und Denkstörungen (Frith 1979, 1987, Gray 1991, Hemsley 1987). Im Laufe von Jahrzehnten wurden zahlreiche Hypothesen über die Ätiologie der Schizophrenie entwickelt, welche vor allem biologische, psychologische und soziologische Faktoren in den Brennpunkt stellen (Carpenter und Buchanan 1995, Johnstone et al. 1999, Shastry 2002).

Es herrscht jedoch ein weitgehender Konsens, dass die Schizophrenie eine multifaktorielle Genese hat, wobei sich verschiedene Faktoren gegenseitig negativ beeinflussen. Daraus folgt, dass Erklärungsmodelle dieser psychobiologischen Erkrankung eines interdisziplinären Ansatzes bedürfen. Die vorliegende Abhandlung beschreitet daher diesen Weg.

Ich gehe von der ganz allgemeinen Annahme aus, dass Wahnideen und Halluzinationen auf einen Verlust der Ich-Grenzen beruhen (Fisher und Cleveland 1968, Sims 1991). Dabei wird anstatt des schwer definierbaren „Ich"-Begriffes ein neurophilosophisches Konzept des „Selbst" eingeführt (Mitterauer und Pritz 1978, Mitterauer 1998).

Aus biologischer Sicht stellt sich die Kernfrage nach den pathologischen Mechanismen im Gehirn, welche für den Verlust der Selbst-Grenzen schizophrener Patienten verantwortlich sein könnten. Hier gilt es vor allem eine molekulare Hypothese zu erstellen, aus der sich Störungen in den Synapsen, in den zellulären Netzwerken des Gehirns sowie die wesentliche schizophrene Symptomatik auf der Verhaltensebene ableiten lassen. Ich glaube, dass es mir gelungen ist, ein biologisches Erklärungsmodell des Verlustes der Selbst-Grenzen zu entwickeln. Jedenfalls kann es experimentiell überprüft werden. (Bezüglich „Neuentwicklungen in der Erforschung der Genetik der Schizophrenie" sei auf Maier und Hawellek [2004] verwiesen.)

Wenn schizophrene Patienten keine Selbst-Grenzen haben, dann wird ihr Gehirn zum „Universum schlechthin". Sie können daher nicht zwischen ihrer inneren Welt und der Umwelt im Sinne getrennter Wirklichkeiten unterscheiden.
Was hat eine derartige Generalisierung der Hirnfunktionen für Konsequenzen für das schizophrene Wirklichkeitserleben?
Mit dem damit einhergehenden Verlust der Selbst-Grenzen lassen sich Wahnideen, Halluzinationen, Denkstörungen und die Affektverflachung erklären.
Aus interdisziplinärer Sicht werden die rein biologischen Hypothesen durch philosophische und kommunikationstheoretische Erklärungsmodelle vertieft.
So befasst sich diese Studie mit dem Zeiterleben, dem Panpsychismus sowie dem Doppelgängertum schizophrener Patienten. Die kommunikationstheoretische Hypothese wiederum stellt auf die totale körperliche Eigenbeziehung sowie auf die Nicht-

machbarkeit zwischenmenschlicher Begegnung ab. Diese wird anhand des Mythos „Narziss und Echo" interpretiert. Alle diese Phänomene lassen sich auf einen Verlust der Selbst-Grenzen zurückführen. Daher können auch die klinischen Korrelate (schizophrene Symptomatik) mit der vorgelegten Theorie in Zusammenhang gebracht werden.

Im vorletzten Kapitel sind Fälle dargestellt, welche gleichsam als „klinisches Beweismaterial" angesehen werden können. Die abschließenden „Ausblicke" stellen Überlegungen über Möglichkeiten und Grenzen der Schizophrenieforschung an. Es wird aber die grundsätzliche Meinung vertreten, dass dieser neue theoretische Ansatz zumindest das Verständnis des Wirklichkeitserlebens unserer Patienten vertiefen kann, sodass eine einfühlendere Verbesserung ihrer Lebensqualität möglich ist.

Theorie des Verlustes der Selbst-Grenzen in der Schizophrenie

Zunächst möchte ich die Hypothesen meiner Theorie über die möglichen Entstehungsbedingungen der Schizophrenie abrissartig beschreiben. Auf diese Weise kann man sich ein Bild machen, worum es in dieser Studie geht. In den folgenden Kapiteln werden dann die Argumente für diese Theorie im Einzelnen abgehandelt.

Das Konzept des „Selbst" ist definiert als die Fähigkeit eines lebenden Systems zur Selbstbeobachtung (Mitterauer und Pritz 1978). Nach der Theorie der Subjektivität (lebender Systeme) des deutsch-amerikanischen Logikers und Philosophen Gotthard Günther (1962) beruht die Grenzensetzung zwischen dem Selbst und dem Nicht-Selbst (anderen Menschen, Dingen etc.) wesentlich auf der Fähigkeit der Verwerfung bzw. auf einem Verwerfungsmechanismus, über welchen der Mensch verfügen muss, um sich und die Umwelt in deren Eigenständigkeit erkennen zu können. Ich gehe davon aus, dass sich die Störung der Hirnfunktionen (Lewis 2000) schizophrener Patienten im Grunde darin äußert, dass sie nicht verwerfen können und sich auf diese Weise die Selbst-Grenzen auflösen.

Verwerfung ist so definiert, dass der Mensch zu einem bestimmten Zeitpunkt eine Intention hat, die er in der Umwelt realisieren will. Um seine Intention ins Werk zu setzen, muss alles, was nicht machbar ist, verworfen werden (Mitterauer 2001 b).

Auf der molekularen Ebene lässt sich zeigen, dass die Transkription eines Gens, welches sich aus codierenden Exonen und nicht-codierenden Intronen zusammensetzt, nur dann in Richtung der Produktion eines funktionierenden Proteins erfolgreich ist, wenn die nicht-codierenden Introne "herausgeschnitten" (splicing) werden. Dieses splicing entspricht einem Verwerfungsmechanismus. Ist nun dieser Splicing-Mechanismus aufgrund von Mutationen in dem Sinne gestört, dass die Introne nicht herausgeschnitten werden (non-splicing), so entspricht diese Störung einem Verlust des Verwerfungsmechanismus auf der molekularen Ebene (Mitterauer 2001 a). Ein non-splicing wirkt sich wiederum verheerend auf die Eiweißproduktion aus. Es entstehen nämlich missgebildete und kurzlebige Substanzen, die nicht funktionsfähig sind.

Was bedeutet nun diese Störung für die Informationsübertragung in den Synapsen? Wie wirkt sich ein non-splicing auf der zellulären Ebene des Gehirns aus?

Auf der zellulären Ebene wird die glia-neuronale Interaktion in den Brennpunkt gestellt, wobei ich den Gliazellen eine raum-zeitliche grenzensetzende Funktion zuordne und zwar in dem Sinne, dass Gliazellen (vor allem Astrozyten) die Gruppierung von Neuronen zu Funktionseinheiten bestimmen (Mitterauer 1998, 2000 a, Mitterauer et al. 2000). Was die Synapsen betrifft, so besteht daher eine Synapse nicht nur aus der neuronalen Prä- und Postsynapse, sondern es sind auch die umgebenden Gliazellen (Astrozyten) an der Informationsverarbeitung (Neurotransmission) wesentlich beteiligt. Man spricht daher von tripartiten Synapsen (Araque et al. 1999, Volterra et al. 2002).

Ich gehe davon aus, dass die Astrozyten funktionsunfähige Proteine produzieren, sodass diese die Neurotransmission nicht balancieren können und die Gliazellen dadurch ihre raum-zeitliche grenzensetzende Funktion in den neuronalen Netzwerken verlieren. Dies geschieht in tripartiten Synapsen auf folgende Weise: Es gibt bereits experimentielle Hinweise, dass Astrozyten gliale Bindungsproteine in den synaptischen Spalt sekretieren (Smit et al. 2001). Diese glialen Bindungsproteine binden die Neurotransmitter und reduzieren auf diese Weise die Menge der Neurotransmitter für die Besetzung postsynaptischer Rezeptoren. Astrozyten tragen in ihren Membranen ebenfalls Rezeptoren für Neurotransmitter. Wenn diese Rezeptoren mit Neurotransmitter besetzt sind, wird die Produktion von Neurotransmitter vorübergehend unterbrochen, indem auf die Präsynapse eine negative Rückmeldung (negative Feedback) erfolgt. Der dem Verlust der Selbst-grenzen zugrunde liegende biologische Mechanismus könnte nun folgender sein:

Die Gliazellen (vor allem die Astrozyten) verlieren ihre negative Feedbackfunktion aufgrund von Mutationen (loss of function) in Genen, welche die glialen Bindungsproteine und glialen Rezeptoren kodieren.

Diese Mutationen erzeugen Proteine, welche nicht mit den entsprechenden Substanzen (vor allem Neurotransmitter) des neuronalen Systems besetzt werden können. Die glia-neuronale Interaktion wird daher in tripartiten Synapsen, welche von den Mutationen betroffen sind, unbalanciert, sodass die Glia ihre hemmende bzw. grenzensetzende Funktion verliert. Der Informationsfluss in tripartiten Synapsen wird daher durch die gliale zeitliche grenzensetzende Funktion nicht mehr determiniert – vergleichbar einem unkontrollierten „Gedankenfluss" auf der phänomenologischen Ebene.

Das gliale System verliert aber auch seine räumliche grenzensetzende Funktion in der Interaktion mit dem neuronalen System. Normalerweise zeigt sich die gliale räumliche Grenzen setzende Funktion darin, dass die Glia das Gehirn auf dynamische Weise zu Funktionseinheiten zusammenfasst (Kompartmente), welche spezielle Operationen ausüben. Verliert die Glia ihre grenzensetzende Funktion, dann lösen sich auch die eigenständigen Funktionseinheiten auf, sodass das Gehirn zu einer „kompartmentlosen" Funktionseinheit wird. Auf diese Weise kann der Schizophrene in seinem Gehirn nicht mehr die notwendigen Unterscheidungen vornehmen, welche er (sie) für die Erkenntnis der Eigenständigkeit der Subjekte und Objekte in der Umwelt benötigen würde.

Schizophrenie könnte daher dadurch verursacht sein, dass der Patient unfähig ist, begriffliche Grenzen zu erkennen (beispielsweise sind das Selbst und die Anderen im Wahn dasselbe). Die wesentliche schizophrene Symptomatik lässt sich als Verlust nicht nur begriffliche Grenzen, sondern auch – je nach befalle-

nem Hirnareal – ontologischer, perzeptiver, moto-
rischer und emotionaler Grenzen erklären. Dafür
können zahlreiche klinische Beispiele gleichsam als
Beweis erbracht werden.

Aus ontologischer Sicht stellt das schizophrene Denken eine besondere Herausforderung der Grundla-
genforschung dar. Geht man davon aus, dass unser
Gehirn normalerweise so gebaut ist, dass es aus vielen Funktionseinheiten oder ontologischen Orten besteht, um in sich die Vielfalt von Umweltbereichen erkennen zu können, dann gilt für subjektive Systeme
die von Gotthard Günther entwickelte Polyontologie
(Vielörtlichkeit). Die geltende klassische Logik ist
hingegen generalisierend im Sinne einer Zweiwertigkeit. Sie formalisiert das Sein schlechthin und hat für
die ontologische Eigenständigkeit subjektiver Systeme, wie wir Menschen es sind, keinen wirklichen formalen Raum. Überlegt man sich, dass das schizophrene Wirklichkeitserleben und die damit einherge-
hende Symptomatik gerade darauf beruht, dass die
Generalisierung der Hirnfunktionen dazu führt, dass
das eigene Gehirn zum Universum schlechthin wird,
so operiert das schizophrene Gehirn eigentlich nach
einer klassischen Logik, welche Wissenschaft und
Technik bisher sehr weit gebracht hat.

Zeittheoretische Überlegungen meiner Theorie der
Schizophrenie dürften ebenfalls von Bedeutung sein.
Geht man davon aus, dass in den tripartiten Synapsen ein permanenter ununterbrochener Informationsfluss erfolgt, so könnte daraus ein Zeiterleben
resultieren, dass es die Zeit eigentlich nicht gibt und
sich der Patient in einem „ewigen Jetzt" (Mitterauer
2003 c) befindet. Zu diesem Thema gibt es auch fas-

zinierende Theorien der Physik. Berücksichtigt man hingegen die molekulare Störung, so beruht diese im Wesentlichen darauf, dass nicht-kodierende Abschnitte (Introne) eines Gens nicht entfernt werden.

Damit geht eine Nicht-Machbarkeit von Proteinen einher. Dabei ist es so, dass die Kodierung der Introne nicht fehlerhaft ist, also vergleichbar den machbaren Exonen. Schizophrene leiden sehr unter der Nicht-Machbarkeit ihrer Ideen, was man Dysintentionalität (Mitterauer 2004 c) nennen kann. Sieht man eine Möglichkeit darin, dass die Kodierung der Introne in der Evolution des Menschen irgendwann oder in irgendeinem Universum machbar ist, dann sind schizophrene Patienten zu früh auf die Welt gekommen (Mitterauer 2004 d) oder leben zumindest zu einer unpassenden Zeit auf einem unpassenden Ort.

Aus philosophisch-metaphysischer Sicht hat das wahnhafte Weltbild Schizophrener eine nahe Verwandtschaft mit den berühmten Vertretern des Pantheismus bzw. Panpsychismus, philosophische Systeme, die schon bei den Vorsokratikern zu finden sind. Bei schizophrenen Patienten lässt sich vor allem der Panpsychismus mit einem Verlust der Selbst-Grenzen erklären. Für Philosophen sind Pantheismus und Panpsychismus Gedankengebäude, für den Schizophrenen hingegen Wirklichkeit.

Mit einem Verlust der Selbst-Grenzen geht aber auch einher, dass sich zwischenmenschliche Beziehungen zu „Scheinbegegnungen" reduzieren, weil ein Du in seiner ontologischen Eigenständigkeit (Individualität) nicht wirklich erkannt werden kann. Aus kommunikationstheoretischer Perspektive ist Wahn daher eine totale Eigenbeziehung. Zusammenfassend lässt sich zeigen, dass sich die Hauptsymptome der Schizophrenie auf einen Verlust der Selbst-Grenzen zurückführen lassen. In Abb. 1 sind die Hypothesen, aus denen sich die interdisziplinäre Theorie der Schizophrenie konstituiert, zusammengefasst.

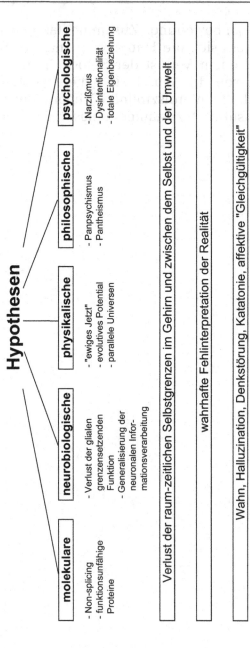

Abb. 1. Hypothesen der interdisziplinären Theorie der Schizophrenie

Das Konzept des Selbst

Wenn man von einem Verlust der Selbst-Grenzen in der Schizophrenie ausgeht, so ist es unumgänglich, das Konzept des Selbst bestmöglich zu definieren. Betrachten wir zunächst den gängigen Begriff der Selbst-Reflexion. Allgemein gesprochen deutet das Präfix „selbst" darauf hin, dass ein System die Fähigkeit zur formalen Rekursion hat und daher auch über Feedback-Mechanismen verfügt. Auf höheren Ebenen wie im menschlichen Gehirn basieren Ausdrücke wie Selbst-Beobachtung oder Selbst-Bewußtsein auf der Fähigkeit, reflektiv zu denken. Beim reflektiven Denken wird ein Gedanke zum Objekt desselben Erkenntnisprozesses. Beim reflektiven Denken ist das Selbst gleichzeitig teilnehmender Beobachter, Initiator und Realisator dieses Prozesses. Selbst-Reflektion bedeutet insofern eine Verallgemeinerung dieser Situation als das Selbst zum Denkobjekt des reflektiven Denkens im Sinne von ichbezogenen Gedanken wird. Daher ist ein selbstreflektierender Mensch nicht nur zugleich Subjekt und Objekt seines Reflektionsprozesses, sondern auch – als Teil des reflektiven Denkens – fähig zu sagen: „Ich denke dieses und jenes, das ist mein Selbst." Insofern impliziert eine Theorie des Selbst das Problem des Bewusstseins.

Prozesse der Selbstreflektion dürften auf vielfältige Weise im Gehirn ablaufen (Mitterauer 1998), vergleichbar den Selbst-Systemen, welche Damasio (1992) die

„vielen Kartesischen Theater" nennt. Allerdings errei-
chen diese Reflektionsvorgänge normalerweise nicht
das Selbst-Bewußtsein. Ich nehme an, dass es im Gehirn viele Orte gibt, die darauf spezialisiert sind
Umweltbereiche wie Dinge oder Personen exakt zu be-
rechnen, diese gleichsam wiederspiegeln. Obwohl wir
wissen, dass bestimmte Hirnareale spezielle Hirnleistungen erfüllen, ist es bisher nicht gelungen, eine topo-
logische Zuordnung für die verschiedenen komplexen
Reflektionsprozesse bzw. Selbst-Systeme zu finden.

Im Falle eines ungestörten Selbst-Bewußtseins, sollte
es allerdings möglich sein, jene Hirnregionen festzu-
legen, wo eine Integration der diversen Selbst-Systeme stattfindet. Bereits in den 60er Jahren des vergangenen Jahrhunderts hat die Gruppe um Mc Culloch
nachgewiesen, dass die retikuläre Formation im
Hirnstamm sowohl eine „integrative Matrix" (Scheibel und Scheibel 1968) als auch ein zentrales Steue-
rungssystem (Kilmer et al. 1969) darstellt. Newman
(1997) hat dann ein „erweitertes retikulär-thalamisches
Aktivierungssystem vorgeschlagen und dieses als
„zentrales Bewußtseinssystem" bezeichnet. Auch der
Neurobiologe Steriade (1996) schlägt in diese Richtung. Churchland (2002) sieht im Hirnstamm ein elementares Koordinations- und Regulationssystem,
welches Damasio (1999) als Proto-Selbst bezeichnet.

Aus anatomisch-funktioneller Perspektive zeigt Baars
(1996) zahlreiche Beispiele, dass im Gehirn unterschiedliche Selbst-Systeme vorhanden sein müssten.
In diesem Zusammenhang spricht Damasio (1994)
von einem „neuronalen Selbst". Edelmann (1992)
wiederum nimmt an, dass das subkortikale Homeo-
stasesystem das biologische Selbst verkörpert. Es ist

aber mehr als fraglich, ob man im Gehirn verschiedene Selbst-Systeme lokalisieren kann, obwohl diese vorhanden sein dürften.

Das Konzept des Selbst hat aber noch einen weiteren lebenswichtigen Aspekt, nämlich die Selbst-Verwirklichung. Darunter leiden schizophrene Patienten vielleicht am meisten. Ein Selbst ist immer das Selbst eines lebenden Systems, das biologische Bedürfnisse (Hunger etc.) bzw. Intentionen hat (Iberall und Mc Culloch 1969). Ein lebendes System wie der Mensch strebt daher permanent seine intentionalen Programme (biologische Bedürfnisse, Wünsche, Sehnsüchte) in einer passenden Umwelt zu verwirklichen. Wir bedienen uns dabei einer Logik der Akzeptanz oder Verwerfung (Günther 1962), in dem passende Objekte akzeptiert werden können, unpassende Objekte hingegen verworfen werden müssen.

Tabelle 1 zeigt ein einfaches formales Beispiel der Logik der Akzeptanz oder Verwerfung. Wir gehen von einem intentionalen Programm (1, 3, 2, 4) aus, welches Objekte (1, 2) in der Umwelt entweder akzeptiert oder ver-

Abb. 2. Beispiel eines internationalen Programms (1, 3, 2, 4), welches Objekte (1, 2) in der Umwelt entweder akzeptiert oder verwirft (Mitterauer 2000)

Schritte der Exploration der Umwelt	Objekte in der Umwelt	Internationales Programm des Robots	
Objekt-Werte (oW)		internationale Werte (iW)	Ergebnisse
1. Schritt	1	1	1 ⟶ Akzeptanz oW (1,1)
2. Schritt	1	2	3 ⟶ Verwerfung oW (1,2)
3. Schritt	2	1	2 ⟶ Akzeptanz oW (2)
4. Schritt	2	2	4 ⟶ Verwerfung oW (2,2)

wirft. Nehmen wir an, ein Subjekt versucht dieses intentionale Programm zu verwirklichen, indem es sich
in 4 Schritten durch die Umwelt bewegt. Die intentionalen Werte (iW) sind 1, 3, 2, 4. In der Umwelt befinden
sich 2 Objekte mit den Werten 1, 2 (oW). Im ersten
Schritt können die entdeckten Objekte (oW 1) akzeptiert werden. Im zweiten Schritt verwirft hingegen der
intentionale Wert (iW 3) beide Objekte (oW 1, 2). Im
dritten Schritt korrespondiert eines der Objekte (oW 2)
mit dem intentionalen Wert (iW 2) des Subjektes, sodass
dieses Objekt akzeptiert werden kann. Im vierten Schritt
werden schließlich wieder beide Objekte (oW 1, 2) vom
intentionalen Wert (iW 4) verworfen (Mitterauer 2000 a).

Zweifelsohne, um am Leben zu bleiben, müssen wir
oft unsere intentionalen Programme an die jeweiligen
Umweltgegebenheiten anpassen. Wenn wir uns aber
ständig so verhalten, laufen wir durch dieses sklavi-
sche Anpassungsverhalten in Gefahr, unsere Individualität zu verlieren. Die intentionalen Programme
eines Menschen mit Selbst-Bewußtsein sind jedoch
durch ein hoch individuelles Genom und subjektive
Lebenserfahrungen ausgezeichnet. Ein System muss
daher, um seine Individualität aufrecht zu erhalten,
fähig sein, nicht machbare Programme zu verwerfen,
was Selbst-Verwirklichung bedeutet. Man kann auch
sagen, dass der Verwerfungsmechanismus für die
Grenzensetzung zwischen dem Selbst und den Mitmenschen entscheidend ist.

Folgt man diesen Überlegungen, so stellt sich die Frage, wodurch ein Selbst bzw. ein Gehirn unfähig wird,
Unpassendes und Nicht-Machbares zu verwerfen und
Grenzen zwischen sich selbst und der Umwelt zu setzen, so wie es in der Schizophrenie der Fall sein dürfte.

Verlust der Selbst-Grenzen

Biologische Hypothesen

Einführende Bemerkungen

Will man eine Theorie psychobiologischer Erkrankungen wie der Schizophrenie aufstellen, so müssen grundlegende Störungsmechanismen beschrieben werden, welche als Erklärungsmodelle sowohl auf der molekularen und zellulären Ebene als auch auf der Verhaltensebene aussagekräftig sind. Das ist das eigentliche Ziel der vorliegenden Studie.

Obwohl die Ätiologie der Schizophrenie noch nicht aufgeklärt werden konnte, gibt es dennoch zahlreiche plausible Hypothesen, wobei das Diathesis-Stress-Modell (Mc Glashan und Hoffman 1995) in seiner allgemeinen Formulierung Umwelteinflüsse und eine genetische Neigung zur Schizophrenie berücksichtigt. Von einem rein biologischen Gesichtspunkt stellen die Erklärungsmodelle der Schizophrenie auf genetische, neuroimmunologische, neuroanatomische und biochemische Faktoren ab (Carpenter und Buchanan 1995, Johnstone et al. 1999, Mitterauer 2000 c).

Jene Hypothesen, welche Störungen der Neurotransmission in Synapsen in den Brennpunkt stellen,

sind von besonderem Interesse, weil sie experimentell überprüft werden können. Dabei geht es um die
Entdeckung von Mutationen, welche für eine gestör-
te synaptische Aktivität verantwortlich sind und einen Menschen zur Schizophrenie prädisponieren.
Wie bereits ausgeführt, stellt meine Theorie ebenfalls
pathophysiologische Mechanismen in der synaptischen Neurotransmission in den Brennpunkt. Dabei
geht es im Wesentlichen um eine völlige Imbalance
der Neurotransmission (Informationsübertragung) in
tripartiten Synapsen. Wie eine derartige Imbalance
auf der molekularen Ebene verursacht sein könnte,
muss zunächst geklärt werden.

Molekulare Hypothese

So gut wie alle Gene höherer Organismen haben
nichtcodierende Abschnitte (Introne), welche abwechselnd zwischen den codierenden Abschnitten (Exone)
eingestreut sind. Um eine reife Boten-RNA (messenger RNA) zu erzeugen, welche Proteine codiert, müssen die Introne herausgeschnitten (splicing) werden
(Abb. 2). Ich interpretiere diesen Splicing-Mechanismus als Verwerfungsmechanismus (Mitterauer 2001
a), analog zu Verwerfungsmechanismen auf höheren
Ebenen wie etwa die Verwerfung von Gedanken und
Impulsen im menschlichen Gehirn.
Hier begegnen wir wieder der Dialektik zwischen
Machbarkeit und Nicht-Machbarkeit und zwar auf
besondere Weise. Obwohl die chemische Struktur
der Nukleotide von Exonen und Intronen gleich ist,
also eine Isomorphie besteht, sind sie dennoch bezüglich der Realisierbarkeit ihres genetischen Codes
radikal verschieden. Der genetische Code der Exone

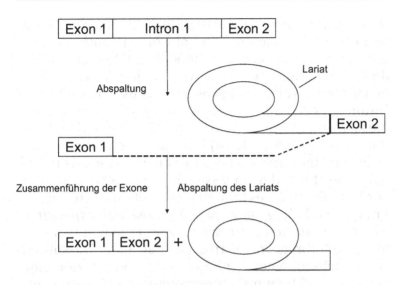

Abb. 2. Schematische Darstellung des Splicingmechanismus (modifiziert nach Cooper und Hausman 2004). Es ist nur ein Ausschnitt eines Genes mit zwei Exonen (1, 2) und einem dazwischen liegenden Intron (1) dargestellt. Da das Intron kein proteinkodierender Abschnitt ist, muss es abgespalten werden. Dies geschieht auf folgende Weise: Exon 1 wird vom Exon 2 getrennt, wobei das Intron noch als Lariat („Lasso") am Exon 2 hängt. Dann kommt es zu einer Abspaltung des Lariats und einer Zusammenfügung der beiden Exone

ist realisierbar, denn er führt zur Produktion eines Proteins. Hingegen ist der genetische Code in den intronischen Abschnitten eines Gens nicht realisierbar, weil er keine Instruktion für die Proteinherstellung liefert.

Mutationen in Genen, welche den Splicing-Prozess in anderen Genen kontrollieren, können verheerende Konsequenzen für den Organismus haben, da kein korrektes Splicing-Muster erzielt wird. In manchen Fällen werden Exone herausgeschnitten (spliced out),

wo sie vorhanden sein müssten, und in anderen Fällen
bleiben die Introne erhalten, obwohl sie entfernt werden sollten. Ein solches non-splicing hat besonders
destruktive Konsequenzen, da es den Verlust eines
elementaren Verwerfungsmechanismus bedeutet, weil
Introne, die verworfen bzw. herausgeschnitten werden
müssen, nicht entfernt werden. Als Ergebnis enthält
diese Boten-RNA (m RNA) Introne. Wird nun eine derartige m RNA zur Codierung von Proteinen verwendet, dann führt der unpassende intronische Abschnitt
zur Produktion eines fehlerhaften Proteins. Ein solches
Protein enthält zusätzliche Aminosäurensequenzen,
welche in der Regel die spezifische Funktion des Proteins unterbrechen. Fernerhin hat ein non-spliced
Intron häufig einen „inframe stop codon", der eine
vorzeitige „Stutzung" (truncation) des Proteins erzeugt. Diesen Proteinen fehlen Carboxy-Endabschnit-
te (termini), sodass sie meistens unstabil und kurzle-
big sind und gewöhnlich nicht funktionieren. Man
kann auch von chimärischen Proteinen sprechen.

Zwei weitere Spielarten des Splicing-Mechanismus
seien noch erwähnt, nämlich das alternative und das
abnorme Splicing. Ein alternatives RNA-splicing bedeutet, dass eine Zelle das primäre Transkript auf verschiedene Weise abspalten kann, wobei unterschiedliche Polypeptidketten vom selben Gen hergestellt
werden können. Alternatives Splicing kann daher
unterschiedliche Proteine mit normaler oder auch
abnormer Funktion herstellen. Das abnorme Splicing
beruht hingegen auf einem Splicing-Irrtum, welcher
bereits in Hirngeweben schizophrener Patienten gefunden wurde (Liu et al. 1994, Schmauss 1996). Dabei
wurden auch „gestutzte" (truncated) Dopaminrezep-
toren bei chronischen Schizophrenien entdeckt.

Es gibt bereits experimentielle Hinweise, die zeigen, dass die molekulare Struktur der Rezeptoren von Neurotransmittern durch ein alternatives Splicing von Intronen geregelt wird. Ein fehlerhaftes Splicing, welches auf Mutationen von Genen beruht, die den Splicing-Mechanismus encodieren, könnte daher abnorme Rezeptoren erzeugen und auf diese Weise auch zu einer Störung der Neurotransmissionen in den Synapsen führen. Bei Schizophrenen wurden in den GABA (A)-Rezeptoren im prefrontalen Cortex Subeinheiten entdeckt, welche auf ein alternatives Splicing zurückzuführen sind (Huntsman et al. 1998). Es kann durchaus sein, dass ein alternatives oder abnormes Splicing bei einer Untergruppe der Schizophrenen eine Rolle spielt, das entscheidende Argument meiner Hypothese ist jedoch, dass ein non-splicing von Intronen zumindest für die produktiven Symptome der Schizophrenie, vor allem für Wahnideen und Halluzinationen verantwortlich ist. Was sind nun die möglichen Konsequenzen dieser molekularen Hypothese für die Neurotransmission oder Informationsübertragung in den Synapsen?

Modell der tripartiten Synapse – Synaptische Hypothese

Bereits im Jahre 1991 hat Teichberg darauf hingewiesen, dass gliale Kainatrezeptoren eine Rolle bei der Regulierung der synaptischen Effizienz und Plastizität spielen. Anhand experimenteller Befunde hat diese Forscherin ein synaptisches Modell vorgeschlagen, welches sich aus 3 wechselseitig interagierenden Bereichen zusammensetzt: Die Präsynapse, die postsynaptische Membran und die Glia, welche

möglicherweise über jene Mechanismen verfügt, die
die synaptischen Funktionen regulieren. Mittlerweile gibt es zahlreiche experimentielle Hinweise, dass
synaptisch assoziierte Astrozyten (und perisynapti-
sche Schwannzellen) als integrative und modulie-
rende Elemente von tripartiten Synapsen anzusehen
sind (Araque et al. 1999, Volterra et al. 2002).

Smit und Mitarbeiter (2001) haben ein Modell cholin-
erger tripartiter Synapsen vorgeschlagen, welches
zukunftsweisend sein dürfte, was das Verständnis
der glialen Regulation der neuronalen Integration im
zentralen Nervensystem betrifft (Haydon 2001, Kettenmann und Ramson 1995, Bezzi und Volterra 2001,
Auld und Robitaille 2003). Dieses Modell, welches
die Bedeutung des Azetylcholin-Bindungsproteins in
der Neurotransmission in den Brennpunkt stellt, beruht im Wesentlichen darauf, dass sich im synaptischen Spalt eine bestimmte Menge dieses Bindungsproteins befindet, wobei es laufend von den Astrozyten sekretiert wird. In einer cholinergen tripartiten
Synapse (und vermutlich auch in allen anderen Ty-
pen von Synapsen) aktivieren die präsynaptisch freigesetzten Azetylcholin-Transmitter sowohl die postsynaptischen Rezeptoren als auch die cholinergen
Rezeptoren der synaptischen Gliazellen (Astrozyten).
Dadurch wird die Freisetzung von Bindungsproteinen in den synaptischen Spalt erhöht. Gleichzeitig
wird die Reaktion auf die Stimulierung glialer cholin-
erger Rezeptoren entweder verringert bzw. beendet
oder die Konzentration der glialen Bindungsproteine
ist derart gestiegen, sodass die Reaktion auf die
Neurotransmitter abnimmt.

In der Abb. 3 ist eine tripartite Synapse, sowie von

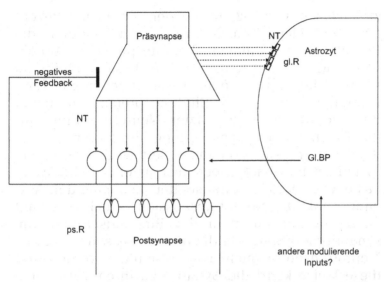

Abb. 3. Modell einer tripartiten Synapse. Abhängig vom Typ der Synapse wird ein entsprechender Neurotransmitter (NT) freigesetzt, bereit für die Besetzung mit glialen Bindungsproteinen (gl. BP) und für die Besetzung der postsynaptischen Rezeptoren (ps. R). Gleichzeitig werden die glialen Rezeptoren (gl. R) besetzt, wodurch die Produktion zusätzlicher glialer Bindungsproteine aktiviert wird. Sind die gl. BP und die ps. R besetzt, dann erfolgt ein negatives Feedback von der Glia an die Präsynapse, so dass die Neurotransmission kurzfristig inaktiviert wird. Nun kann die Informationsübertragung in der Synapse wiederum erfolgen

Smit und Mitarbeitern vorgeschlagen, schematisch dargestellt, wobei dieses Modell für alle Neurotransmitter gelten soll. Der Klarheit halber sind die gängigen modulierenden Substanzen wie etwa die Calciumwellen, welche eine wichtige Rolle spielen (Charles und Giaume 2002, Rose et al. 2003) nicht dargestellt. Ein Neurotransmitter wird von der Präsynapse freigesetzt, bereit sowohl die glialen Bindungsproteine als auch die postsynaptischen Rezeptoren zu besetzen. Gleichzeitig werden die glialen Rezeptoren mit Neurotransmittern besetzt, wodurch die Produktion von glialen Bindungsproteinen erhöht wird und sich die Konzentration dieses Proteins im synaptischen Spalt erhöht. Diese zunehmende Konzentration der glialen Bindungsproteine reduziert nun die Menge freigesetzter Neurotransmitter für die Besetzung postsynaptischer Rezeptoren, sodass die Neurotransmission inaktiviert wird, was einem negativen Feedback-Mechanismus entspricht. Wenn das Niveau der Neurotransmitter wieder auf den Ausgangspunkt der Neurotransmission zurückkehrt, fällt auch die Konzentration der Bindungsproteine im synaptischen Spalt, da die glialen Rezeptoren durch Neurotransmitter nicht mehr stimuliert werden. Auf diese Weise kehrt die Synapse zu ihrem Ausgangspunkt zurück und die Neurotransmission bzw. Informationsübertragung kann von neuem beginnen.

Aus kybernetischer Perspektive kann man eine tripartite Synapse als einen elementaren Verhaltenszyklus beschreiben (Mitterauer 2000 b, 2004 b, c). Hier handelt es sich um einen interdisziplinären Ansatz, der für eine Interpretation der Pathophysiologie der Schizophrenie hilfreich sein kann. Wie beim Versuch einer begrifflichen Erfassung des Selbst bereits ausgeführt wurde, ist ein lebendes System wie der Mensch mit intentionalen Programmen (biologische Bedürfnisse, Sehnsüchte, Wünsche etc.) ausgestattet, welche zur Verwirklichung in einer passenden Umwelt drängen (Iberall und Mc Culloch 1969). Ein elementarer Verhaltenszyklus charakterisiert daher die intentionale Beziehung eines lebenden Systems zu seiner Umwelt.

Zunächst aktualisiert eine Umweltinformation ein bestimmtes intentionales Programm. Kann ein lebendes System passende Objekte zur Verwirklichung eines spezifischen intentionalen Programmes in der Umwelt finden, dann schließt sich der

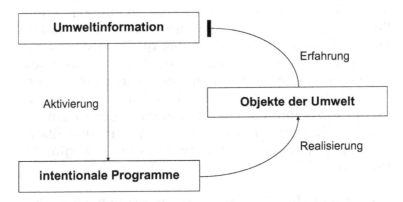

Abb. 4. Elementarer Verhaltenszyklus. Eine Information aus der Umwelt aktiviert eines oder mehrere intentionale Programme eines lebenden Systems. Ist ein lebendes System fähig, passende Objekte in der Umwelt zur Realisierung eines spezifischen intentionalen Programmes zu finden, dann ist der Verhaltenszyklus abgeschlossen. Das System hat somit eine Erfahrung gemacht

Kreis, vergleichbar einer Erfahrung, welche auf einem negativen Feedback-Mechanismus beruht. Systemtheoretisch ausgedrückt, schwächt ein negativer Feedback-Mechanismus das anfänglich positive Signal ab, sodass es schließlich zur Unterbrechung der Informationsübertragung kommt (Abb. 4).

Ein derartiger elementarer Verhaltenszyklus lässt sich nun zwanglos auf die glia-neuronale Interaktion in tripartiten Synapsen übertragen. Die Produk-

tion von Neurotransmittern in der Präsynapse kann
als „Umweltinformation" interpretiert werden, welche wiederum die Erzeugung von Bindungsproteinen in den Astrozyten stimuliert. Das gliale Bindungsprotein dürfte ein „intentionales Programm"
verkörpern, das bereit für die Besetzung mit einem
passenden Neurotransmitter ist. Wenn eine passende
Besetzung erfolgt („Realisierung des intentionalen
Programmes"), dann meldet das gliale System eine
„Erfahrung" der Präsynapse zurück im Sinne eines
negativen Feedback-Mechanismus. Gleichzeitig wird
diese Erfahrung durch die Besetzung postsynaptischer Rezeptoren an andere Zellen in den glia-neuronalen Netzwerken übertragen („Informationsübertragung"). Nun kann der Zyklus erneut beginnen
(Abb. 5).

Was macht die Glia bzw. die Astrozyten so inten-
tional?
In einer Reihe von Studien habe ich die Hypothese
aufgestellt, dass das gliale System in seiner Interaktion mit dem neuronalen System eine raum-zeitliche
grenzensetzende Funktion hat (Mitterauer et al.
1996, Mitterauer 1998, 2000 a, 2001 a, c, 2003 a,
2004 b, c, Mitterauer und Kopp 2003). Auf tripartite
Synapsen bezogen bedeutet dies, dass die Astrozyten
die synaptische Informationsübertragung durch
Grenzensetzung kontrollieren, abhängig von der Besetzung der Bindungsproteine.

Aus systemtheoretischer Perspektive kann die Interaktion zwischen Neurotransmittern und glialen
Bindungsproteinen als balanciert, unterbalanciert,
überbalanciert (Günther 1963) oder auch als unbalanciert beschrieben werden. Formal ausgedrückt,

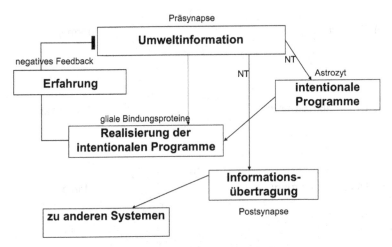

Abb. 5. Biokybernetisches Modell einer tripartiten Synapse. Die Produktion von Neurotransmittern (NT) in der Präsynapse kommt einer „Umweltinformation" gleich, wobei die Expression des glialen Bindungsproteins (gl. BP) im Astrozyt stimuliert wird. Gliale Bindungsproteine könnten „intentionale Programme" verkörpern, welche durch eine passende Besetzung mit Neurotransmittern realisiert werden („Realisierung intentionaler Programme"). Wenn eine passende Besetzung erfolgt, dann kommt es zu einem negativen Feedback dieser „Erfahrung" zur Präsynapse. Gleichzeitig wird diese synaptische Erfahrung durch die Besetzung der postsynaptischen Rezeptoren an andere Systeme weitergeleitet („Informationsübertragung")

wenn die Variablen (Bindungsproteine) die Werte (Neurotransmitter) dominieren, dann ist das System unterbalanciert, was in der Depression der Fall sein dürfte (Mitterauer 2004 b). Gegenteil verhält sich das System, wenn die Werte (Neurotransmitter) die Variablen (Bindungsproteine) dominieren, dann kommt es zu einer Überbalancierung im System, was für manische Zustandsbilder verantwortlich sein könnte (Mitterauer 2004 b). Stehen keine passenden

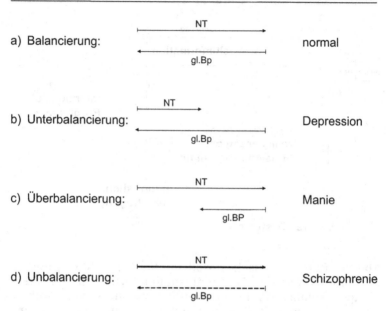

Abb. 6. Balancierung, Imbalancierung und Unbalancierung zwischen Neurotransmittern (NT) und den glialen Bindungsproteinen (gl. BP). Ist die Konzentration der NT für die Besetzung der gl. BP passend, so ist das synaptische System balanciert (a). Im Falle einer Überproduktion des gl. BP ist die Menge der NT zu gering, so dass das synaptische System unterbalanciert ist (b). Dieser Systemzustand dürfte für die Depression verantwortlich sein. Ist hingegen die Konzentration vom gl. BP im synaptischen Spalt zu niedrig, so ist das synaptische System überbalanciert, was in der Manie der Fall sein könnte. Angenommen, dass im synaptischen Spalt kein funktionsfähiges gl. BP vorhanden ist (gestrichelter Pfeil), dann ist das System völlig unbalanciert. Ein derartiger synaptischer Systemzustand dürfte für die Pathophysiologie der Schizophrenie verantwortlich sein

Variablen (Bindungsproteine) zur Verfügung, dann ist das System völlig unbalanciert (Abb. 6). Ein derartiger synaptischer Zustand dürfte für die Pathophysiologie der Schizophrenie verantwortlich sein. Wie

bereits ausgeführt, könnte ein non-splicing, welches
aufgrund von Mutationen (loss of function) in Gliazellen entsteht, zu funktionsuntüchtigen („gestutzten
bzw. chimärischen") Bindungsproteinen führen.

Unbalancierte tripartite Synapsen als pathophysiologisches Modell der Schizophrenie

Was geschieht bei der Informationsübertragung in
tripartiten Synapsen, wenn funktionsunfähige (gestutzte bzw. chimärische) gliale Bindungsproteine
von den Astrozyten produziert werden?
Sie können im synaptischen Spalt nicht passend mit
Neurotransmittern besetzt werden. Eine solche tripartite Synapse ist daher unbalanciert (Abb. 7). Angenommen, dass Gene, welche für die Expression von
glialen Bindungsproteinen verantwortlich sind, spontan oder durch exogene Einflüsse (Stress etc.) mutie-
ren und dadurch chimärische gliale Bindungsproteine
entstehen, so können die glialen Bindungsproteine
nicht mit Neurotransmittern besetzt werden. Durch
diese Störung kommt es zu einer „Überflutung" der
postsynaptischen Rezeptoren mit Neurotransmitter-
Substanzen. Gleichzeitig besetzen die Neurotransmitter verstärkt die glialen Rezeptoren und aktivieren somit die Produktion von noch mehr funktionsunfähigen
Bindungsproteinen. Diese Aktivierung hat jedoch keinen Effekt, weil keine Besetzung der glialen Bindungsproteine erfolgen kann. Auf diese Weise ist keine kontrollierende Rückmeldung (negatives Feedback) des glialen Systems zur Präsynapse möglich.
Nun ist die synaptische Informationsübertragung un-
kontrolliert und völlig unbalanciert.

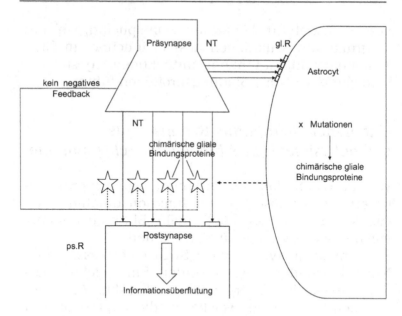

Abb. 7. Unbalancierte tripartite Synapse. Mutationen in Genen, die gliales Bindungsprotein (gl. BP) exprimieren bzw. Mutationen, welche den Splicingmechanismus determinieren, führen zu chimärischen oder „gestutzten" (truncated) gl. BP (Sterne). Solch ein nichtfunktionierendes gl. BP kann nicht mit Neurotransmittern (NT) besetzt werden. Dadurch werden die postsynaptischen Rezeptoren (ps. R) mit NT überflutet. Gleichzeitig werden die glialen Rezeptoren (gl. R) mit NT besetzt, wodurch die Produktion von funktionsunfähigen gl. BP aktiviert wird. Das Ergebnis ist, dass kein negatives Feedback des glialen Systems an der Präsynapse erfolgen kann (————-)

Neuroleptika können diese synaptische Informationsüberflutung durch Besetzung von postsynaptischen Rezeptoren zwar reduzieren, sie haben jedoch keinen Einfluss auf die molekularen Mechanismen, welche für die Funktionsunfähigkleit glialer Bindungsproteine verantwortlich sind. Wenn nicht nur die glialen

Bindungsproteine, sondern auch die glialen Rezeptoren von dieser Störung betroffen sind, dann kann die glia-neuronale Interaktion zusammenbrechen. Abhängig von der Hirnregion, welche betroffen ist, kommt es zu einer schweren psychobiologischen Störung wie etwa einer stuporösen Katatonie.

In einem elementaren Verhaltenszyklus verkörpern die glialen Bindungsproteine ein intentionales Programm, welches nach seiner Verwirklichung durch eine passende Besetzung mit Neurotransmittern strebt. Eine unbalancierte tripartite Synapse ist dann vorhanden, wenn die funktionsunfähigen glialen Bindungsproteine unfähig sind, Neurotransmitter zu binden, sodass das intentionale Programm nicht machbar ist. Da dadurch ein negatives Feedback unmöglich ist, kommt es zu keiner objektbezogenen Erfahrung. Vielmehr ist das synaptische System einer Informationsüberflutung ausgeliefert (Abb. 8).

Man kann daher unbalancierte tripartite Synapsen als „dysintentional" charakterisieren, weil ihre fehlerhaften intentionalen Programme nicht machbar sind. Man kann auch sagen, dass schizophrene Patienten unter einer Willensschwäche leiden, worauf schon Kraepelin (1913) hingewiesen hat. Auch Frith (1999) betont die Rolle gestörter Intentionen in der Schizophrenie, da den typischen Symptomen ein Verlust des intentionalen Bewußtseins zugrunde liegt. Von einem rein biologischen Standpunkt hat die Glia in der Schizophrenie ihre raum-zeitliche Grenzen setzende Funktion verloren, sodass die befallenen tripartiten Synapsen unbalanciert sind.
Aber was sind nun die Konsequenzen des Verlustes der glialen Grenzen setzenden Funktion für die Inter-

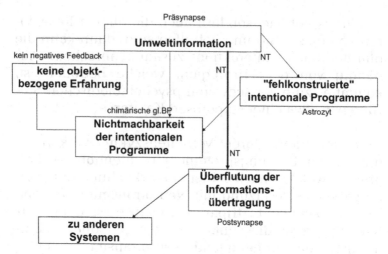

Abb. 8. Verhaltensmodell der „fehlkonstruierten" und nicht-realisierbaren intentionalen Programme in einer unbalanzierten tripartiten Synapse. Eine Umweltinformation (Präsynapse) aktiviert (NT) intentionale Programme (gl. BP) in Astrozyten. Aufgrund nichtfunktionierender gl. BP sind diese intentionalen Programme jedoch „fehlkonstruiert". Gl. BP können mit NT nicht besetzt werden, sodass die intentionalen Programme nicht realisierbar sind. Da kein negatives Feedback erfolgen kann (———), besteht keine Objektbezogene Erfahrung. Auf diese Weise wird die Postsynapse permanent durch NT aktiviert, was zu einer Informationsüberflutung der Informationsübertragung zu anderen Systemen führt

aktion des glialen Systems mit dem neuronalen System im Gehirn?

Verlust der glialen Grenzen setzenden Funktion – Zelluläre Hypothese

Die Grenzen setzende Funktion des glialen Systems in seiner Interaktion mit dem neuronalen System

Zum Verständnis, was der Verlust der glialen Grenzen setzenden Funktion für die Operationen in neuronalen Netzwerken bedeutet, muss zuerst die ungestörte glia-neuronale Interaktion im Gehirn beschrieben werden. In der Studie „An interdisciplinary approach towards a theory of consciousness (1998)" habe ich die glia-neuronale Interaktion eingehend beschrieben und die einschlägige Literatur berücksichtigt, worauf der interessierte Leser hingewiesen werden darf. Im Folgenden konzentriere ich mich auf die wichtigsten Zusammenhänge, welche zum Verständnis der zellulären Hypothese des Verlustes der glialen Grenzen setzenden Funktion erforderlich sind.

Vor über 4 Dekaden hat Galambos (1961) eine glia-neuronale Hirntheorie vorgeschlagen. Seither konnte diese Theorie experimentell zunehmend begründet werden (Kettenmann und Ramson 1995, Sykova et al. 1998). Gerade in den letzten Jahren konnten faszinierende Erkenntnisse erarbeitet werden, beispielsweise, was die determinierende Rolle der Glia bei der Bildung von Synapsen betrifft (Ullian et al. 2001). Es konnte aber auch gezeigt werden, dass die Glia einen wichtigen Einfluss auf die Inaktivierung von Neurotransmittern hat (Martin 1995, Sykova et al. 1998). Gliazellen, insbesondere Astrozyten unterteilen das Gehirn in Funktionseinheiten (Kompart-

mente), welche die Interaktion mit den Neuronen in
unterschiedlichen Zeitabläufen determinieren (Mitterauer et al. 1996, Haydon 2000). Meine Hypothese,
dass die glialen Netzwerke (Syncytium) in ihrer
Interaktion mit den neuronalen Netzwerken eine
Grenzen setzende Funktion haben und dadurch
selbst organisierende Funktionseinheiten erzeugen,
wird durch zahlreiche experimentelle Befunde ge-
stützt (Fields 2004).

Astrozyten modulieren mit ihren Fortsätzen, welche
mit den Synapsen in Kontakt stehen (tripartite
Synapsen) die Effizienz synaptischer Informationsübertragung (Teichberg 1991, Mitterauer et al. 1996,
Mitterauer 2001 c, Oliet et al. 2001, Fields und Stevens-Graham 2002). Signale zwischen Astrozyten
und Neuronen können durch Glutamat (Gallo und
Ghiani 2001), Azetylcholin (Smit et al. 2001) und andere Transmitter (Kimelberg et al. 1998) vermittelt
werden. GABA wird über Stimulation von Glutamat-
rezeptoren von Gliazellen freigesetzt und hemmt die
neuronale Signalübertragung (Gallo et al. 1989).
Ferner sind komplexe ionotrophische und metabotro-
phische Interaktionen beteiligt (Reichenbach et al.
1998). Intrazelluläre Calciumoszillationen in Astrozyten beeinflussen die Calciumkonzentration im
synaptischen Spalt und bestimmen dadurch die
Menge der präsynaptisch freigesetzten Neurotransmitter mit (Cooper 1995, Newman und Zahs 1997).
Astrozyten dürften aber auch eine Schrittmacher-
funktion (Mitterauer et al. 2000) haben. Diese ursprünglich spekulative Annahme konnte mittlerweile
experimentell nachgewiesen werden (Parri et al.
2001). Aus interdisziplinärer Perspektive hat ein lapi-
darer Satz des Physikers Smolin (1997) zum Ver-

ständnis meiner Theorie eine besondere Bedeutung: „Die Grenzensetzung ist für die Beschreibung des Universums absolute Voraussetzung. Das Universum kann nur beschrieben werden, wenn wir Regionen eindeutig abgrenzen und die Informationen darüber genau beschreiben, was sich innerhalb der Grenzen befindet" (u.Ü.). Wie könnten nun die Gliazellen im „Universum" unseres Gehirns Grenzen setzen?

In Abb. 9 sind 2 Astrozyten (Aci; Acj), welche eine Anzahl von Neuronen (N1...N4) aktivieren oder inaktivieren können, dargestellt. Die Neuronen sind untereinander durch Leitungen (Axone) verbunden und bilden so ein neuronales Netzwerk. Diese interaktionale Struktur eines Astrozyten mit einer Anzahl von Neuronen (N = 4) kann als elementares Kompartment (Kompartment x, y) von Nervenzellen definiert werden. Bei der simultanen Regulierung der Neurotransmission in allen Synapsen (Sy), auf welche die Astrozyten Einfluss nehmen (tripartite Synapsen), dürften auch Calciumwellen (Synchronisation und Koordination) eine Rolle spielen (Antanitus 1998).

Wie bereits ausgeführt, gehe ich jedoch wesentlich von der bereits beschriebenen Neurotransmission in tripartiten Synapsen aus. Abhängig von der Anzahl der Neuronen, welche von den Astrozyten zu Kompartmenten zusammengefasst werden, sind zahlreiche Kombinationen neuronaler Aktivierung bzw. Inaktivierung möglich, was eine große Potenz der Informationsstrukturierung mit sich bringt. Diese gliale Funktion bezeichne ich als raum-zeitliche Grenzen setzende Funktion in neuronalen Netzwerken.

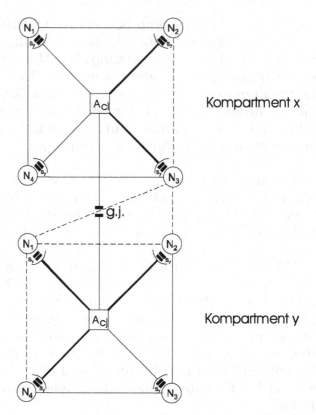

Kompartment x

Kompartment y

Abb. 9. Die gliale grenzensetzende Funktion in der Interaktion mit dem neuronalen System. Ein Astrozyt (Ac_j) ist mit vier Neuronen ($N_1 ... N_4$) über seine Fortsätze verbunden und bildet dadurch ein glia-neuronales Kompartment (x). Hier sind nur zwei Fortsätze des Astrozyten aktiviert, welche die Neurotransmission nur in den Synapsen (sy) von N_2 und N_3 (verstärkte Linien) beeinflussen. Im zweiten Kompartment (y) werden beispielhaft drei Neuronen (N_1, N_2, N_4) aktiviert. Diese zwei Kompartmente sind über eine gap junction (g.j.) verbunden. Die gestrichelten Linien skizzieren das neuronale Netzwerk, welches durch die aktivierten Neuronen in beiden Kompartmenten determiniert wird

Abbildung 9 zeigt 2 schematische Beispiele. Im Kompartment x aktiviert der Astrozyt 2 Neuronen (N2, N3). Im Kompartment y werden 3 Neuronen aktiviert (N1, N2, N4). Dies bedeutet, dass im neuronalen Netzwerk nur die von den Astrozyten aktivierten Neuronen zur Informationsverarbeitung bereitgestellt werden. Die Kompartmente sind wiederum durch sogenannte gap junctions (g.j.) verbunden. Gap junctions haben eine wesentliche Funktion in der astrozytären Signalübertragung. Man schätzt, dass ein Astrozyt über mehr als 50.000 gap junctions mit seinen Nachbarn verbunden ist (Cotrina et al. 2001). Es kann daher nicht nur von neuronalen Netzwerken, sondern auch von glialen Netzwerken (Syncytium) gesprochen werden. Vor allem aufgrund von Calciumoscillationen verfügt das gliale Syncytium über eine raum-zeitliche informationsstrukturierende Potenz (Strahonja-Packard und Sanderson 1999).

Verlust der glialen Grenzen setzenden Funktion in neuronalen Netzwerken

Kehren wir zum Modell tripartiter Synapsen und der bereits beschriebenen unbalanzierten Neurotransmission in der Schizophrenie zurück. Geht man davon aus, dass gliale Bindungsproteine bzw. gliale Rezeptoren – zumindest lokal – nicht besetzt werden können und dadurch die neuronale Transmission nicht unterbrochen werden kann. Als Konsequenz können weder erregende noch hemmende Transmittersubstanzen dazu beitragen, dass sich im Gehirn definierte raum-zeitliche Funktionseinheiten bilden. Wie sich ein unbalanciertes Transmittersystem auf der Verhaltensebene symptomatisch zeigt, hängt vor allem von den be-

troffenen Hirnregionen und neuronalen Funktions-
kreisen ab. Über die kortikostriato-thalamokortikale
Schleife sind an der Regulierung des Informationsflus-
ses verschiedene Neurotransmittersysteme beteiligt,
wobei jedes von ihnen in der Schizophrenie verändert
sein kann (Wyatt et al. 1995). Was das Dopamin betrifft, so wird eine kortiko-subkortikale Imbalanz angenommen (Davis et al. 1991, Abi-Dargham 2003).

Immunhistologische Befunde legen nahe, dass in der
entorhinalen und unteren temporalen Hirnrinde schizophrener Gehirne die Expression von GABA (B) –
Rezeptoren reduziert ist, sodass eine GABA (B) Re-
zeptor-Dysfunktion in der Pathophysiologie der Schizophrenie eine Rolle spielen könnte (Mizukami et al.
2002, Huntsman et al. 1998). Setzt man diese Überlegungen fort, so verwundert es nicht, dass Veränderungen in verschiedenen Transmittersystemen
im Gehirn schizophrener Patienten gefunden wurden, beispielsweise eine verminderte Anzahl exzita-
torischer Synapsen im mittleren Temporallappen
(Harrison und Eastwood 1998, Schmauss 1996). Daraus folgt schließlich, dass der antipsychotische Effekt
von Neuroleptika wesentlich darauf zurückzuführen
ist, dass die Rezeptoren verschiedener Transmittersysteme beeinflusst werden und nicht nur das do-
paminerge System allein (Johnstone et al. 1999,
Meltzer 2003).

Der Verlust der glialen grenzensetzenden Funktion
in tripartiten Synapsen ist in Abb. 10 schematisch
dargestellt. Der Astrozyten (Aci; Acj) der Kompartmente x und y produzieren chimärische bzw. nicht
funktionierende gliale Bindungsproteine (*) in den
synaptischen Spalt, sodass die Glia die neuronale In-

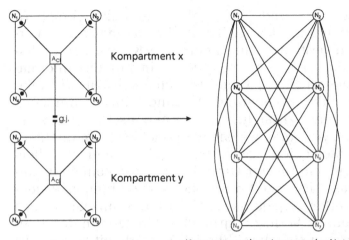

,Kompartmentloses' neuronales Netzwerk

Abb. 10. Verlust der glialen Grenzen setzenden Funktion und Generalisierung der neuronalen Informationsübertragung. Die Astrozyten ($Ac_{i, j}$) sind unfähig die Neuronen in den Kompartmenten (x, y) zu aktivieren. Sie können daher die Neurotransmission in den Synapsen nicht beeinflussen (*). Dieser Verlust der glialen Grenzen setzenden Funktion (wie in Abb. 9 dargestellt) führt zu einem „kompartmentlosen" neuronalen Netzwerk, in dem alle Neuronen untereinander verbunden sind

formationsübertragung nicht beeinflussen kann. Diese genetisch bedingte Störung führt zu einem „kompartmentlosen" neuronalen Netzwerk, dargestellt als Graph bestehend aus 8 Neuronen mit 28 Verbindungslinien (entsprechend der Formel n/2 (n + 1)). Solch ein Gehirn ist unfähig, die Umweltinformation zu strukturieren.

An dieser Stelle kann man argumentieren, dass die gliale Grenzen setzende Funktion eigentlich nicht notwendig ist, weil sich das neuronale System per se aus Kompartmenten zusammensetzt (Rall 1995). Ich bin jedoch der Auffassung, dass bezüglich einer rein

neuronalen und einer glia-neuronalen Kompartmentbildung des Gehirns ein qualitativer Unterschied besteht. Denn, neuronale Kompartmente haben eine Funktion, die sich rein auf die Informationsverarbeitung (Sensorik, etc.) bezieht, die glia-
neuronale Kompartmentbildung dürfte hingegen
über eine zusätzliche informationsstrukturierende
Potenz verfügen, welche wir benötigen, um qualitative Unterschiede zwischen Objekten und vor allem
Individuen unserer Umwelt erkennen können. Gerade diese Fähigkeit dürfte bei schizophrenen Patienten verloren gegangen sein. Man kann daher auch
von einem Verlust begrifflicher Grenzen in der Schizophrenie sprechen. Ehe ich mich damit befasse, ist
noch kurz eine Bemerkung zur Genetik der Schizophrenie angebracht.

Man kann nämlich argumentieren, dass Erkrankungen, die durch genetische Veränderungen, welche
sich ebenfalls an den Rezeptoren von Neurotransmittern auswirken, keine schizophrene Symptomatik
hervorrufen. Beispielsweise das kongenitale myas-
thenische Syndrom, welches aufgrund von Mutationen in Azetylcholinrezeptoren entsteht (Engel et al.
1998). Folgt man meinen bisherigen Ausführungen,
so lässt sich Folgendes entgegnen:

1. Die gliale Grenzen setzende Funktion in Bezug
   auf die Umwelt muss schwer gestört sein und
   muss auf Mutationen von Genen beruhen, welche
   den Splicing-Mechanismus kontrollieren. Diese
   genetischen Läsionen betreffen nicht nur die molekulare und zelluläre Ebene, sondern vor allem
   auch das psychobiologische Verhalten des (der)
   Betroffenen (Mitterauer 2004 c).

2. Stressoren (psychotraumatische Ereignisse, körperliche Erkrankungen, Infektionen etc.) müssen
vorhanden sein, sodass bei einem genetisch vul-
nerablen Menschen die schizophrene Symptomatik ausgelöst wird (Stress-diathesis-Modell der
Schizophrenie; Mc Glashan und Hoffman 1995).

Verlust der begrifflichen Grenzen in der schizophrenen Symptomatik

In Tabelle 2 sind die wesentlichen schizophrenen
Symptome (American Psychiatric Association 1998),
welche durch einen Verlust der begrifflichen Grenzen verursacht sein könnten, aufgelistet. Diese
Störung kann die kognitiven Prozesse wie das Denken betreffen. Wenn ein schizophrener Patient unfähig ist, begriffliche Grenzen zwischen Worten,
Gedanken oder Ideen mit unterschiedlicher Bedeutung zu setzen, dann können bedeutungslose
Konstrukte (Neologismen) oder auch eine inkohärente Sprache entstehen, eine typische phänome-

Tabelle 2. Interpretation der schizophrenen Hauptsymptomatik

Verlust der Grenzen	Symptome
begrifflich	Denkstörung
ontologisch	Wahnideen
perzeptiv	Halluzinationen
motorisch	katatone Symptome
emotional	Affektverflachung

nologische Symptomatik, welche wir Denkstörung
nennen.

Von einem ontologischen Standpunkt sind Wahnideen die Konsequenz des Grenzenverlustes zwischen dem Selbst und den Anderen, wobei das
Konzept des Selbst ganz allgemein als die Fähigkeit
eines lebenden Sytems zur Selbst-Beobachtung definiert wird (Mitterauer und Pritz 1978). Dabei könnte
man auch sagen, dass das Gehirn über viele getrennte ontologische Orte der Selbst-Beobachtung
verfügt. Alles was sich im Gehirn schizophrener Patienten ereignet ist Wirklichkeit, weil sie zwischen
der inneren und äußeren Welt nicht unterscheiden
können. Sie können daher die ontologischen Unterschiede zwischen dem Selbst und den Anderen
(nicht-Selbst) nicht erkennen. Der Verlust der ontologischen Grenzen dürfte daher zu einer wahnhaften
Fehlinterpretation der Realität führen.
Halluzinationen wiederum dürften durch dieselbe Störung verursacht sein. Ein schizophrener Patient, der in
seinem Kopf die Stimme einer Person hört, ist absolut
überzeugt, dass diese Person wirklich zu ihm spricht.
In diesem Fall zeigt sich der Verlust der ontologischen
Grenzen bzw. die Konfusion zwischen Innenwelt und
Außenwelt phänomenologisch im akustischen Wahr-
nehmungssystem. Diese Störung kann auch in den anderen Wahrnehmungssystemen auftreten.
Wenn der Verlust der Grenzen das motorische System betrifft, dann kommt es zu einer katatonen
Symptomatik. Ein katatoner Erregungszustand, in
welchem sich eine ungehemmte Entladung fast aller
motorischen Systeme ereignet, ist Ausdruck einer
motorischen Generalisierung mit einem zornigen
und erregten Verhalten. Man kann auch sagen, dass

das Gehirn unfähig ist, die Informationsverarbeitung zwischen den motorischen Systemen zu kontrollieren, sodass es zu katatonen Phänomen kommt. Typische Phänomene der Katatonie sind eine exzessive motorische Aktivität und eine totale Bewegungslosigkeit (Stupor). Beide Phänomene dürften spontan auftreten und nicht durch äußere Stimulierung beeinflusst sein. In einem derartigen Zustand sind die Patienten unfähig, zu kommunizieren. Sie können die Mitmenschen nicht erkennen. Alles was geschieht, geschieht im Gehirn des Patienten.

Affektverflachung wiederum gilt als eine negative schizophrene Symptomatik (Dollfus und Petit 1995). Dieses Symptom kann ebenfalls auf einen Verlust der Grenzensetzung zurückgeführt werden. Der Schizophrene kann in seinem Gehirn die verschiedenen affektiven bzw. emotionalen Qualitäten nicht unterscheiden, sodass die Kommunikation von Gefühlen dadurch gestört ist (Holden 2003).

Das schizophrene Zeiterleben –
Philosophische Hypothese

Wenn der Verlust der Selbstgrenzen bei der Entstehung der Schizophrenie tatsächlich eine grundlegende Rolle spielt, so stellt sich die Frage, wie sich diese Störung auf das subjektive Zeiterleben der Patienten auswirkt. Das Zeiterleben schizophrener Patienten ist janusgesichtig, wobei es beim einzelnen Patienten unterschiedlich zum Tragen kommt.

Geht man zunächst von unbalancierten tripartiten Synapsen aus, so besteht ein permanenter, ununterbrochener Informationsfluss. Es könnte daher sein, dass Patienten, welche diese Störung „spüren", kein Zeitgefühl mehr haben. Sie befinden sich in einem „ewigen Jetzt" (Mitterauer 2003 c). Dafür gibt es zahlreiche klinische Beispiele. Man könnte auch von einem „zeitlosen Gehirn" sprechen, in welchem also die Zeit keine Rolle spielt. Das klingt wie die Theorie des Physikers J. Barbour, wo die Zeit nicht real ist: „Zeit und Bewegung sind nichts als Illusionen" (Barbour 1999). Da ich zwischen meinem Hirnmodell und der Theorie Barbours Parallelen sehe, sollen Barbours einschlägige Ideen kurz beschrieben werden.
Barbours Universum ist ein geometrisch strukturiertes, statisches Tableau, welches aus platonischen Körpern (Dreiecken) zusammengesetzt ist. Er nennt

es daher „Platonia". Spezifische Konfigurationen sind von einer Art Nebel bedeckt, unter dem eine „Zeitkapsel" verborgen ist. Diese Zeitkapsel stellt exakt das „Jetzt" dar. Jede Zeitkapsel ist ein komplettes, sich selbst enthaltendes und zeitloses Universum. Die Intensität des Nebels ändert sich nicht in der Zeit, jedoch von Ort zu Ort. Seine Intensität an einem bestimmten Ort ist jedoch ein Maß, wie viele platonische Konfigurationen mit diesem Ort korrespondieren. Jeder Weg durch „Platonia" entspricht einer Folge von Dreiecken. Diese stellen Punkte dar, durch welche der Weg gleitet, wobei durch jeden Punkt viele Wege führen.

Nehmen wir an, dass das Gehirn schizophrener Patienten zwar ein physikalisches Universum ohne biologische Kompartmentalisierung verkörpert, jedoch fähig ist, die vielen „Jetzt", welche in der Struktur der neuronalen Netzwerke verborgen sind, zu erfassen. Diese Fähigkeit könnte ebenfalls erklären, wie Wahnideen und Halluzinationen entstehen. Die wesentlichen Symptome der Schizophrenie könnten darauf zurückzuführen sein, dass Konfigurationen oder die vielen „Jetzt" aus der physikalischen Struktur des Tabelaus des Gehirns gleichsam herausgelesen werden können. In einer derartigen statischen Struktur des Gehirns ist alles passend und nichts wird verworfen. Schärfer noch, die vielen „Jetzt" haben keine Intentionen: „Wir sind alle Teil untereinander und jeder von uns ist gerade die Totalität der Dinge von seinem eigenen Standpunkt aus gesehen" (Barbour 1999). Es ist faszinierend wie nahe Naturwissenschaften und Schizophrenie beisammen liegen. Barbour beschreibt nämlich nicht nur sein wissenschaftliches Weltbild,

sondern auch das subjektive Zeiterleben vieler schizophrener Patienten.

Die revolutionären Ideen Barbours bedeuten aber
auch eine große Herausforderung für eine umfassen-
de Hirntheorie. Sollte meine Hypothese, dass die
Glia eine raum-zeitliche Grenzen setzende Funktion
in normalen Gehirnen hat, zutreffen, dann könnte
der Verlust dieser Fähigkeit die „Welt der platonischen Physik" nach Barbour eröffnen. In diesem Zusammenhang verweise ich noch einmal auf Abb. 10,
wo ein alles mit allem verbundenes „kompartment-
loses" neuronales Netz dargestellt ist. Geometrisch
gesehen, besteht dieses Netz aus vielen Dreiecken,
vergleichbar Barbours „Platonia". Überlegt man sich,
dass das Gehirn etwa aus 10^{11} Neuronen besteht, so
ist die Anzahl möglicher Verbindungslinien enorm.
So gesehen liegt tatsächlich ein Nebel über unserem
Gehirn.

Berücksichtigt man hingegen meine molekulare Hypothese der Schizophrenie, so kommen evolutive
Zeitmomente ins Spiel. Demnach beruht die Grundstörung der Schizophrenie darauf, dass nicht-codierende Introne bei der RNA-Transkription nicht herausgeschnitten (non-splicing) werden, wodurch es zu
funktionsunfähigen Proteinen kommt. Überlegt man
sich aber, dass die Folge der Nukleotide sowohl bei
den Protein erzeugenden Exonen als auch bei den
nicht-codierenden Intronen fehlerfrei ist, so stellt sich
die geradezu methaphysische Frage, warum Introne
keine Proteine codieren können. Die formale Potenz
dazu ist jedenfalls vorhanden. Geht man von einer
weiteren evolutiven Entwicklung unseres Gehirns
aus, so ist nicht auszuschließen, dass der Mensch in

eine noch nicht vorhersehbare Umwelt gerät, wo völlig neue Proteine erforderlich sind, um seine Existenz
zu erhalten. Wenngleich derzeit die Einbeziehung
des intronischen Codes noch zu funktionsunfähigen
Proteinen führt, so könnte dennoch dieser „geheime
Code" irgendwann realisierbar sein. Demnach wären
schizophrene Patienten zu „früh auf die Welt gekommen" (Mitterauer 2004 d). Wie ich noch zu zeigen
versuche, leiden die meisten Schizophrenen unter
der Nicht-Machbarkeit ihrer Ideen. Handelt es sich
dabei vielleicht um eine „Noch-nicht-Machbarkeit"?
Diese Überlegungen könnte man als bio-metaphy-
sisch bezeichnen, sie haben daher nur wenig mit den
gängigen evolutiven Theorien der Schizophrenie
(Brüne 2004) zu tun.

Verlust der Selbst-Grenzen –
Panpsychismus und Doppelgängertum

Bei eingehender Befragung erleben viele schizophrene Patienten die gesamte Wirklichkeit als beseelt.
Man spricht von Panpsychismus. Dieses Wirklichkeitserleben ist ebenfalls Ausdruck des Verlustes der
Selbst-Grenzen und lässt sich durch die bereits ab-
gehandelten biologischen Hypothesen gut erklären.
Ich gehe davon aus, dass das ungestörte Gehirn aus
vielen Selbst-Systemen besteht (Damasio 1992, Baars
1996, Mitterauer 1998). Die Grenzen zwischen diesen Systemen lösen sich im schizophrenen Gehirn
auf.

Wie Abb. 9 darstellt, wird ein glia-neuronales Kompartment im Sinne eines Subsystems des Selbst über
die Fortsätze eines Astrozyten zu einer strukturellen

und funktionellen Einheit gemacht. Geht man von tripartiten Synapsen aus, so determinieren die Astrozyten die Neurotransmissionen in den Synapsen durch deren Bindungsproteine, indem durch ein negatives Feedback die Informationsübertragung vorübergehend unterbrochen wird. Auf diese Weise setzen Astrozyten Grenzen und bestimmen daher, welche Neuronen kooperieren und welche nicht. Wenn diese informationsstrukturierende Funktion der Gliazellen gestört ist, verlieren die Kompartmente ihre funktionelle Spezifikation, sozusagen „ihre Selbst-Identität." Diese Auflösung der glia-neuronalen Kompartemente kann so weit gehen, dass das Gehirn seine Aufteilung in viele qualitativ unterschiedliche Subsysteme verliert (Abb. 10).

Nehmen wir nun an, dass der Verlust der Grenzen zwischen den Subsystemen (Kompartmenten) des Selbst sich auf die Wahrnehmung der Umwelt überträgt, so ist eine Unterscheidung zwischen dem Selbst und den Anderen (Nicht-Selbst) bzw. der Objekte in der Umwelt nicht möglich. Jedes gleicht dem anderen wie eine „endlose" Gleichung (Mitterauer 1982). Ein solches Gehirn wird zu einem universalen psychischen Zentrum, das seine selbstgeschaffene psychische Qualität ununterscheidbar auf die gesamte äußere Welt überträgt. Dieses Wirklichkeitserleben kann man in philosophisch-psychiatrischer Terminologie wahnhaften Panpsychismus nennen.

Der rein philosophische Panpsychismus ist so definiert, dass die gesamte Natur aus psychischen Zentren, vergleichbar dem menschlichen, Geist besteht (Runes 1959). Berühmte Vertreter des philosophischen Panpsychismus sind beispielsweise Thales von

Milet (Diels 1957), Giordano Bruno (1982), Gottfried
W. Leibnitz (1956) und Alfred N. Whitehead (1947).
Auch die späte Metaphysik von William James kann
als Panpsychismus interpretiert werden (Rosenzweig
1987). Aber worin liegen die Unterschiede zwischen
einem philosophischen und einem wahnhaften Panpsychismus?

Der Philosoph extrapoliert alle seine Subsysteme auf
das Universum, ist sich jedoch der Grenzen bewusst.
So schreibt Whitehead als Vertreter des Panpsychismus treffend: „Das Unendliche an sich ist wert-
und bedeutungslos. Es bekommt erst dann Bedeutung, wenn es sich in begrenzten Eigenschaften verkörpert (Whitehead 1947). Beim wahnhaften Panpsychismus hingegen ist das lebende Gehirn des
Patienten das Universum im Sinne eines unbegrenz-
ten und omnipotenten Selbst. Alles, was im Gehirn
des Patienten geschieht, ist daher wirklich. Dieser
Verlust der Selbst-Grenzen im Gehirn bzw. zwischen
dem Selbst und der Umwelt, welcher wiederum zu
einer Fehlinterpretation der Realität führt, dürfte seine Wurzeln im molekularen Mikrokosmos haben.

Eine besondere Spielart des wahnhaften Panpsychismus ist die Überzeugung von so manchem schizophrenen Patienten, dass er Doppelgänger hat. Das
eigene Selbst gilt hier für eine beliebige Anzahl von
Menschen, wobei keinerlei Tendenz besteht, sich mit
diesen Doppelgängern auseinanderzusetzen. Das
verwundert nicht, wenn man von einem Verlust der
Selbst-Grenzen im schizophrenen Gehirn ausgeht,
weil ja die Eigenständigkeit eines anderen Selbst
nicht wirklich erkannt werden kann und das wahnhafte Doppelgängertum nichts anderes ist als eine

„nominelle" Verallgemeinerung der eigenen Person
(Selbst). Eine andere Erklärungsmöglichkeit ist, dass
alle Selbst-Systeme im Gehirn schizophrener Patienten gleich sind und daher qualitative Unterschiede
zwischen Subjekten nicht erkannt werden können
(siehe Fall 2).

Wahn ist totale Eigenbeziehung – Kommunikative Hypothese

Wenngleich man mit Schizophrenen, wenn sie keine schwere Denkstörung haben und neuroleptisch gut eingestellt sind, durchaus sinnvolle Alltagsgespräche führen kann, so ändert sich diese Situation radikal, wenn man über ihre Wahnwelt spricht. Auch hier geht es um eine Störung der Selbst-Grenzen, jedoch unter der Perspektive der zwischenmenschlichen Kommunikation. In anderen Worten: Wodurch kommt es zur „Scheinbegegnung" mit wahnhaften Patienten? Conrad (1958) hat eine Typologie der Wahnphänomene vorgeschlagen, welche durch die graduelle Bewusstheit der Eigenbeziehung gekennzeichnet ist. Aus kommunikativer Perspektive ist Wahn eine Störung der menschlichen Begegnung (Matussek 1963), welche auf eine totale Eigenbeziehung zurückzuführen sein könnte.

Betrachten wir zunächst die ungestörte Kommunikationsfähigkeit eines menschlichen Gehirns oder unseres „psychischen Apparates" (Freud 1969). Nach Freud hat der psychische Apparat eine tripartite Zusammensetzung, nämlich das Es, das Überich und das Ich. Eine derartige Dreiteilung wurde bereits vom deutschen Idealismus (Fichte, Hegel) vorgenommen, wobei Fichte vom Es, Du und Ich spricht. Günther (1971) hat den dreifachen Reflexionsbegriff von Hegel in systemtheoretische Sprache gefasst und spricht von Autoreferenz, Heteroreferenz und Selbstreferenz, wobei wir der Selbstreferenz das Ich, der Heteroreferenz das Du und der Autoreferenz das Es zugeordnet haben (Pritz und Mitterauer 1977, Mitterauer 1980, Mitterauer und Pritz 1980).

Ganz einfach ausgedrückt, muss es eine rein körperliche Funktion geben, die alle unsere Organe in sich und untereinander zusammenhält, Autoreferenz oder Eigenbeziehung genannt. Diese Eigenbeziehung muss aber apparativ derart ausgestattet sein, dass sie die Beziehungen zu den Subjekten und Objekten der Umwelt ermöglicht, Heteroreferenz genannt. Auf der höchsten Ebene des Selbst muss es ebenfalls eine Funktion geben, welche sowohl die Autoreferenz als auch die Heteroreferenz so integriert, dass ein Ich- bzw. Selbst-Bewußtsein entstehen kann, Selbstreferenz genannt. Hier handelt es sich um eine „mysteriöse", naturwissenschaftlich schwer zugängliche Funktion, welche vor allem die Kybernetik zu „entmythologisieren" versucht (von Foerster 1960).

Das bahnbrechende eines dreigeteilten Strukturmodelles liegt in seiner mehrwertigen (mehrörtlichen) Konzeption. Das heißt, dass wir nicht einfach den Bereich der Selbstreferenz schlechthin und einer Heteroreferenz schlechthin und damit Zweiwertigkeit haben, sondern dass diese Beziehungen ontologisch differenziert sind. Ein derartiges Strukturmodell ist in seiner Grundkonzeption ontologisch dreiwertig. Es stellt sich nämlich in drei autonomen Beziehungsbereichen dar: Das Es bedeutet reine Eigenbeziehung (Autoreferenz), das Du (Freud'sches Überich) drückt reine Beziehung zur Umwelt

(Heteroreferenz) aus, das Ich aber ist Selbstbeziehung in dem Sinne, dass es zwischen Autoreferenz (Es) und Heteroreferenz (Du) vermittelt.

Aus biologischer Sicht steht jedoch die Autoreferenz (Eigenbeziehung) im Brennpunkt des Interesses, da sich die Störungen dieser körperlichen Funktion auf die zwischenmenschliche Begegnung auswirken können, was wir beim Wahn annehmen. Zum besseren Verständnis worin die totale Eigenbeziehung beim Wahn eigentlich besteht, sind einige ontologische Erklärungen unumgänglich. Autoreferenz (Eigenbeziehung) ist die Beziehung zwischen verschiedenen Elementen, die zu ein- und demselben ontologischen Ort gehören. Autoreferenz kennt also entweder nur einen ontologischen Ort schlechthin (Sein) oder keinen ontologischen Ort (Nichts), eine dritte Möglichkeit im Sinne mehrerer nebeneinander bestehender ontologischer Orte (Seinsbereiche) ist ausgeschlossen. Im Bereiche der Autoreferenz gilt also ausschließlich die zweiwertige „Entweder-Oder-Logik". Die Regulation dieser Eigenbeziehung kann mit den logischen Operatoren der Position (ja) und Negation (nein) beschrieben werden. Das für eine Wahntheorie wesentliche Beispiel einer Eigenbeziehung ist der apparative Bau des Gehirns. Apparativ gesehen ist das Gehirn eine zweiwertige Maschine: entweder hat das Gehirn zu einem bestimmten Zeitpunkt einen bestimmten bioelektrischen Zustand oder nicht (eine dritte Möglichkeit ist ausgeschlossen). Infolge ihrer Autoreferenzstruktur sind die Es-Themen der eigentliche Gegenstand der Naturwissenschaften. Was aber von der Autoreferenz ausgesagt werden kann, gilt in demselben Maße auch für den Begriff der im Wahn dominierenden Eigenbeziehung.

Was bedeutet – ontologisch gesehen – der Begriff
Heteroreferenz? Heteroreferenz lässt sich – nach
Günther (1971) – durch den Denkprozess illustrie-
ren. Denken bezieht sich auf etwas und bildet dieses
Etwas, das nicht in den ontologischen Bereich des
Denkens (also des Gehirns) gehört, ab. Hetero-
referenzprozesse stellen daher eine Beziehung
zwischen verschiedenen ontologischen Bereichen
her. So etwa zwischen den ontologischen Orten eines
Ichs und jenem eines Du. Heteroreferenz ist daher
eine interontologische Kommunikation. Darauf beruhen auch die Schwierigkeiten, die wir mit Be-
griffen wie Leben, Selbst und Seele haben, dass sie
sich auf herteroreferentielle interontologische Phänomene beziehen. Entscheidend ist nun, dass die
subjektive ontologische Polythematik eines Subjektes
(Ich) mit der Polythematik eines bestimmten Du
niemals völlig in Einklang zu bringen ist. Es bleibt
immer ein ontologischer Bruch im Sinne der Grenzensetzung bestehen. Wird der autoreferentielle
Apparat des Gehirns dieser interontologischen Grenzensetzung verlustig, aufgrund unserer hypothe-
tischen molekularen und zellulären Störungsmechanismen, so kommt es zu einer wahnhaften Fehlinterpretation der Realität. Ein Wahn liegt dann vor,
wenn ein Subjekt eine bestimmte Ich-Du-Beziehung
anstelle heteroreferentiell autoreferentiell interpretiert bzw. erlebt.

Diese Überlegungen bedeuten für die Onto-Logik des
Wahns Folgendes:

Die Polythematik normaler zwischenmenschlicher Beziehungen wird auf die Diathematik des zweiwertigen
Entweder-Oder-Prinzips eingeengt. Der Wahnkranke

weiß daher die Wirklichkeit. Für ihn ist etwas wahr oder nicht. Für Zweifel ist da kein Platz.

Es liegt im Wesen des Wahnes, dass in bestimmten Ich-Du-Beziehungen das jeweilige Du wie der eigene Körper gebraucht wird. Freud (1963) sieht in der Paranoia die Projektion verdrängter homosexueller Strebungen. Dem ist entgegen zu halten: Projektion drückt aus ontologischer Sicht nicht exakt aus, was bei einer wahnhaften Fehlinterpretation einer zwischenmenschlichen Beziehung (Scheinbeziehung) wirklich geschieht. Es ist ein wesentlicher Unterschied, ob man auf einen Mitmenschen seine Wünsche oder Ideen projeziert und ihn dabei in seiner Existenz als eigenes Individuum voll anerkennt, oder ob ein bestimmter Mensch vom Wahnkranken zu einem Ort der eigenen Körperlichkeit „degradiert" wird. Was die Homosexualität betrifft, so hat Freud seine Beobachtungen an Paranoikern vermutlich falsch interpretiert. Die totale körperliche Eigenbeziehung im Wahn ist in erster Linie ein autoerotisches Phänomen und kein homosexuelles. Aus rein kommunikativer Perspektive kann man auch sagen, dass wahnhafte schizophrene Patienten unter der Nichtrealisierbarkeit zwischenmenschlicher Begegnung am eigenen Körper leiden.

Mythos der wahnhaften Nicht-Machbarkeit menschlicher Begegnung – Narziss und Echo

Das Konzept des Narzissmus wird in der Psychopathologie unter verschiedenen Gesichtspunkten verwendet. Ganz allgemein kann man von einer narzisstischen Persönlichkeit sprechen, wenn diese

erhöht selbstbezogen ist (Pritz und Mitterauer 1977).
Je nach dem Ausprägungsgrad dieser Selbstbezo-
genheit kommt es dann zu einer narzisstischen Persönlichkeitsstörung oder gar zu einer totalen Selbst-
bezogenheit im Sinne der Psychose. Interessant ist
auch, dass Freud (1969) die so genannten endoge-
nen Psychosen narzisstische Neurosen genannt hat.
Das Konzept des Narzissmus könnte ein tieferes Verständnis des Wirklichkeitserlebens wahnhafter Schizophrener ermöglichen, vor allem wenn man von
einem Verlust der Selbst-Grenzen ausgeht und kommunikative Aspekte berücksichtigt (Mitterauer 2003
b). Dabei möchte ich eine Interpretation des Mythos
vom Jüngling Narziss, so wie ihn Ovid in seinen
Metamorphosen beschreibt, versuchen.
Der schöne Jüngling Narziss streift durch die Wälder. Da sieht ihn die wunderbare Nymphe Echo und
verliebt sich in ihn. Sehnend nach seiner Liebe folgt
Echo dem Narziss, doch sie kann ihn nicht errei-
chen, er lehnt ihre Liebe ab. Die Nymphe kann nur
unvollständig wiederholen, was der Jüngling spricht.
Narziss kommt dann an eine Quelle, wo er trinken
will. Er beugt sich über das Wasser und sieht plötzlich sein Spiegelbild. Er verliebt sich sofort in diesen
schönen Jüngling, weil er nicht erkennt, dass es sich
um sein Spiegelbild handelt. Er will diesen wunder-
schönen Jüngling im Wasser berühren, doch bei jedem Versuch verzerrt sich das Bild und entschwindet
in den Wellen der Quelle. Auch die Tränen, welche er
aus unerfüllter Sehnsucht und Liebe zu seinem
Ebenbild vergießt, lassen seine schöne Gestalt im
Wasser verschwinden: „Er sieht es und ruft: Ach wo-
hin entfliehst du? Verweile, verlasse nicht grausam
den, der dich liebt." „Es bleibe, was nicht zu berühren vergönnt ist, doch mir zu schauen und Nahrung

dem elenden Wahne zu geben!" (Ovid 1983). Entkräftet vom Kummer unerfüllbarer Liebe stirbt Narziss schließlich. Echo kann nur seine letzten „Lebewohl"-Worte wiederholen. Sie zieht sich in die Wälder zurück und bedeckt aus Scham ihr Gesicht mit Blättern. Von da an lebt Echo in einsamen Grotten. Der Leib des Narziss war entschwunden, er lebt in einer Blume weiter, die man nach ihm benannt hat.

Was lehrt uns dieser Mythos?
Ich habe mich damit immer wieder beschäftigt und sehe mittlerweile seine Kernaussage darin, dass im Wahn keine wirkliche zwischenmenschliche Begegnung stattfinden kann. Das Verhalten von Narziss ist nicht nur ein dichterisches Beispiel für reine Selbstliebe, die auf einem Verlust der Selbst-Grenzen beruht, sondern betrifft vor allem auch seine Unfähigkeit, die liebende Nymphe Echo in ihrer individuellen Existenz zu erkennen. Dieser Mythos kann daher nur dann verstanden werden, wenn man sowohl das Verhalten des Jünglings als auch jenes der Nymphe mit einbezieht.

In der Sprache meiner Theorie der Schizophrenie leiden die beiden Verliebten unter einer Dysintentionalität. Damit ist ausgedrückt, dass ihre Intentionen (Liebessehnsucht) nicht verwirklicht werden können. Man kann auch von wahnhafter Nicht-Machbarkeit sprechen. Narziss kann zwischen sich und seinem Spiegelbild keinen Unterschied erkennen, hält dieses vielmehr für die Verkörperung seiner Selbst, vergleichbar einem Doppelgänger. Wir führen diese wahnhafte Fehlinterpretation darauf zurück, dass alles was im Gehirn des Jünglings geschieht, für ihn Realität bedeutet, totale Eigenbeziehung (Autorefe-

renz) also. Alle Versuche, die Realität seiner Wahrnehmung und der damit einhergehenden Liebesintention zu überprüfen, scheitern (in den Wellen der
Quelle). Echo wiederum, die unter keiner wahnhaften Selbstliebe leidet und daher die Existenz
des Jünglings in seiner ontologischen Eigenständigkeit erkennen kann, scheitert in ihrer Liebesintention
am Verhalten von Narziss. Sie kann ihn nur bruchstückhaft verstehen. Echo hält nur einen Schein-
kontakt zu Narziss, indem sie seine Worte bruchstückhaft wiederholt. Genau so geht es uns, wenn
wir versuchen, tiefer in die Wahnwelt eines Patienten
hinein zu kommen. Obwohl wir versuchen die
Patienten immer tiefer zu verstehen, so bleibt unser Verstehen letztlich bruchstückhaft. Warum ist
dies so?

Als „behandlungsversuchende" Menschen gehen
wir ja von der ontologischen Eigenständigkeit nicht
nur von uns selbst, sondern auch von jener eines
schizophrenen Patienten aus. Diese unsere Individualität kann der Patient aber nicht wirklich erkennen,
wir sind vielmehr Statisten in einer Wahnwelt, die in
seinem Gehirn erzeugt wird. Aufgrund eines Verlustes der Selbst-Grenzen kann der Schizophrene seine Intentionen sozusagen außerhalb seines Gehirns
nicht realisieren, weil durch das Nicht-Erkennen der
ontologischen Eigenständigkeit eines Du eine wirkliche zwischenmenschliche Begegnung nicht machbar ist. Der Patient ist daher Argumenten aus unserer
Realität, wie etwa der Unmöglichkeit des Inhaltes einer Wahnidee, nicht zugänglich. Damit sich ein
wahnhafter Patient von uns wenigstens etwas verstanden erlebt, müssen wir in Gesprächen seine
Wahnwelt gleichsam wiederholen. In der Sprache

des Mythos zeigt sich die Nicht-Machbarkeit der Begegnung mit wahnhaften Patienten vor allem auch darin, dass wir in unserem Streben den Patienten verständnismäßig näher zu kommen, eigentlich nur – vergleichbar der Nymphe Echo – seine dysintentionalen Wahnideen bruchstückhaft wiederholen können. Wenngleich erfahrungsgemäß mit Schizophrenen, vor allem wenn sie eine entsprechende biologische Behandlung haben, ein guter Alltagskontakt möglich ist, findet dennoch, sobald die Wahnwelt zum Tragen kommt, keine wirkliche zwischenmenschliche Begegnung statt. Wir können aber wenigstens die Dysintentionalität unserer Patienten im Sinne eines Leidens von nicht-machbaren zwischenmenschlichen Begegnungen teilen.

Holismus und „schizophrene" Todeserlebnisse

Alle bisherigen Überlegungen bezüglich der Ätiologie der Schizophrenie weisen darauf hin, dass mit dem Verlust der Selbst-Grenzen keine Spaltung des Bewusstseins, sondern ein existentieller Holismus einher geht. Ich habe daher „schizophren" unter Anführungszeichen gesetzt. Ist es vielleicht an der Zeit die psychobiologische Grundstörung dieser Patienten durch einen passenderen Begriff zu ersetzen (Meltzer 2003). Bleibt man in der altgriechischen Terminologie, so wäre Holophrenie (griechisch holos = ganz, phren = Seele) (Mitterauer 1983) passender.

Bei einem weitgehend ungestörten Menschen herrscht in seinem Gehirn und in den zwischenmenschlichen Beziehungen hingegen kein Holismus. Vor allem aber ist die menschliche Existenz von ihrer Individualität geprägt. Ferner erleben wir laufend die Trennung von Menschen bis hin zu Todesverlusten. Nach neuesten Forschungsergebnissen der theoretischen Physik ist das Universum „körnig", womit ausgedrückt ist, dass zwischen den Einzelelementen radikale Brüche bestehen (Smolin 2004), zwischen denen allerdings Beziehungen hergestellt werden können. Nach Günther (1973) sind derartige Brüche innerhalb eines geschlossenen Systems ein Kriterium für dessen Lebensfähigkeit. Nehmen diese

Brüche ab, so kommt es zu einem zunehmenden
Holismus, was für die tote Materie charakteristisch ist.
Geht man von einem Universum mit vielen Wirklichkeiten aus, so kann es durchaus sein, dass ein
lebendes System sich in Bezug auf eine bestimmte
Wirklichkeit holistisch verhält und somit „ tot" ist, bezüglich einer anderen Realität hingegen getrennte
Bereiche erkannt werden können und sich das System
dadurch als lebend verhält.

Es gibt nicht wenige schizophrene Patienten, die der
absoluten Überzeugung sind, vorübergehend tot gewesen zu sein. Für diese Todeserlebnisse bietet meine Theorie eine bio-logische Erklärung an. Kehren
wir noch einmal in den molekularen Mikrokosmos
zurück. Unsere Gene setzen sich abwechselnd aus
codierenden Exonen und nicht-codierenden Intronen (Abschnitten) zusammen. Dieser Aufbau der
Gene lässt sich so interpretieren, dass die Introne
Grenzen setzende Abschnitte verkörpern, indem sie
die Folge der Exone jeweils unterbrechen. So gesehen stellen Introne Brüche im codierenden exoni-
schen Zusammenhang dar. Man kann Introne auch
als Grenzen setzende Elemente in den Genen interpretieren. Da ihr Code aber nicht machbar ist, müssen sie für die Proteinherstellung „herausgeschnitten" (splicing) werden, was radikale Verwerfung bedeutet. Auf der zellulären Ebene bzw. für die Neurotransmission bedeutet dies, dass durch funktionsfä-
hige gliale Bindungsproteine eine raum-zeitliche
Grenzen setzende Funktion zustande kommt, sodass
einerseits die Informationsübertragung vorübergehend unterbrochen wird und andererseits die neuronalen Netzwerke als Funktionseinheiten organisiert
werden können. Auf diese Weise wandelt sich die
statische Grenzen setzende Funktion der Introne auf

der molekularen Ebene auf der zellulären Ebene in eine dynamische Grenzen setzende Funktion um.

Werden die Introne durch ein Non-splicing nicht verworfen, so bleibt zwar scheinbar ihre für lebende Systeme so wichtige Grenzensetzung bestehen, es kommt jedoch auf der zellulären Ebene durch funktionsunfähige gliale Bindungsproteine zu einem Verlust der glialen Grenzen setzenden Funktion in den glia-neuronalen Netzwerken des Gehirns. Dieser zeigt sich dann auf der Verhaltensebene als Wahn, Halluzinationen, Denkstörung etc.

Geht man davon aus, dass bei Schizophrenen nicht alle Transmittersysteme bzw. deren tripartite Synapsen von den Folgen eines Non-splicing betroffen sein müssen, sondern dass es hier unterschiedliche Möglichkeiten gibt, so könnten diese Variationen bezüglich betroffener Hirnareale für eine unterschiedliche Symptomatik der Schizophrenie verantwortlich sein. Kommt es nun zu einer Störung in allen Neurotransmittersystemen des Gehirns, so bestehen überhaupt keine „Brüche" mehr. Der Patient erlebt sich dann als „tot". Wenn man schizophrene Patienten in einer klinischen Institution für längere Zeit beobachten kann, dann stellt man oft eigengesetzliche Veränderungen des psychobiologischen Zustandes fest. Es dürfte sich dabei um einen Biorhythmus in unterschiedlichen Zeitabläufen (meist in Zyklen von einigen Wochen) handeln. Mutationen in Clock-Genen, die die Expression der Gene steuern, welche für ein Non-splicing verantwortlich sind, könnten hier eine Rolle spielen (Mitterauer 2000 b). Dieser Mechanismus könnte auch erklären, dass aufgrund einer massiven, alle Hirnregionen betreffenden Expres-

sion von funktionsunfähigen glialen Bindungsproteinen vorübergehend Todeserlebnisse auftreten können. Folgt man allen diesen Überlegungen, so ist der
„schizophrene" Holismus überhaupt eine Krankheit
des Todes. Schizophrene sind Tote, die atmen und
deren Existenz, beeinträchtigt von einer quälenden
Dysintentionalität, sich auf einfache biologische Bedürfnisse reduziert.

Klinische Korrelate

Interpretation des Verlustes der räumlichen Selbst-Grenzen

Die Phänomenologie der Schizophrenie ist vielgestaltig. Meine Theorie versucht, die diversen Symptome der Schizophrenie auf einen Verlust der Selbst-Grenzen zurückzuführen. Wie bereits dargelegt, führen Mutationen in Genen, welche den Splicing-Mechanismus kontrollieren zu einer grenzenlosen Generalisierung der Funktionseinheiten im Gehirn, womit auf der Verhaltensebene die Unfähigkeit einhergeht, Informationen zu verwerfen. Auf diese Weise ist es dem Patienten nicht möglich, den Realitätsgehalt seiner Ideen zu überprüfen.

Gehen wir zunächst davon aus, dass die Fähigkeit unseres Gehirns neue Ideen zu kreieren fast unbegrenzt ist. Beispielsweise produziert unser Gehirn Traumszenen, welche im Wachzustand nicht realisierbar sind. Wir können nur in unseren Träumen selbst fliegen. Wenn nun ein schizophrener Patient behauptet, dass er gerade nach Indien geflogen ist, dann hat für ihn dieser in seinem Gehirn erzeugte Flug tatsächlich stattgefunden, weil er zwischen seiner inneren und äußeren Welt nicht unterscheiden kann. Daher ist für schizophrene Patienten alles Wirklichkeit, was sich in ihren Gehirnen ereignet. Sie haben die

Fähigkeit verloren, Informationen zu akzeptieren, welche beispielsweise gegen die menschliche Fähigkeit fliegen zu können sprechen und als Konsequenz diese Wahnidee zu verwerfen.

Halluzinationen beruhen auf der selben Störung. Wenn ein Patient die Stimme Gottes hört, welche ihm Befehle erteilt, dann muss er diesen Befehlen gehorchen, weil die absolute Überzeugung besteht, dass es sich tatsächlich um die Stimme Gottes handelt. Der Patient ist der Argumentation unzugänglich, dass Gott keinen Befehl gegeben hat, weil er (sie) zwischen seiner (ihrer) inneren und äußeren Welt aufgrund des Verlustes der Selbst-Grenzen nicht unterscheiden kann. Dieser Verlust der Selbst-Grenzen ist auch evident, was den Inhalt der Wahnideen betrifft. Beispielsweise ist einer unserer Patienten absolut überzeugt, dass er gleichzeitig Cäsar, Napoleon, Churchill und „Urbi" (Neologismus) ist. Er ist unfähig, die ontologische Eigenständigkeit dieser historischen Personen und seine eigene ontologische Individualität zu erkennen. Alle Personen sind für ihn letztlich gleich.

Wenn ein Patient glaubt, dass er Gott und Teufel in einer Person ist, so mag dies dem außenstehenden Beobachter als „Geistesspaltung" im Sinne des Begriffes der Schizophrenie erscheinen. Ich interpretiere diese Wahnidee hingegen als einen Verlust der Selbst-Grenzen, weil der Patient unfähig ist, zwischen den qualitativen Unterschieden des Guten und des Bösen zu unterscheiden. Es handelt sich daher um keinen schizophrenen, sondern um einen holophrenen Zustand des Gehirns.

Abhängig von den Hirnarealen bzw. neuronalen Trans-

mittersystemen, welche vom Non-splicingmechanis-
mus betroffen sind, kommt es zu einem Verlust der glialen Grenzen setzenden Funktion und zu einer damit
einhergehenden Generalisierung der Hirnfunktionen.
Diese kann das motorische, affektive sowie das kogni-
tive Verhalten des Patienten betreffen. Nehmen wir zunächst einen katatonen Erregungszustand als Beispiel,
in welchem eine ungehemmte Entladung fast aller mo-
torischer Systeme auftritt, als Ausdruck einer motorischen Generalisierung, womit ein „zornig-schreiendes"
Verhalten einhergeht. Hier handelt es sich vermutlich
um einen Exzess der Informationsübertragung in ex-
zitatorischen tripartiten Synapsen. Im Falle eines katatonen Stupors kommt es hingegen zu einer völligen
motorischen Hemmung, da die exzessive Informationsübertragung vor allem die inhibitorischen Transmittersysteme (GABA) betreffen dürfte.

Die so genannte Affektverflachung wird als negatives
schizophrenes Symptom angesehen (Dollfuss und
Petit 1995). Dieses Symptom kann ebenfalls als ein
Verlust glialer Grenzen setzender Funktionen im Gehirn erklärt werden. Da das Gehirn unterschiedliche
affektive bzw. emotionale Qualitäten nicht produzieren kann, resultiert daraus eine Störung der Mittei-
lung von Gefühlen an die Mitmenschen. Anstatt von
Affektverflachung müsste man eigentlich von „affek-
tiver Gleichgültigkeit" sprechen. So gibt es experimentelle Hinweise, dass Schizophrene den emotionalen Ausdruck von Gesichtern nicht unterscheiden können (Holden 2003). Für diese Dysfunktion dürfte vor
allem das limbische System mitverantwortlich sein.

Denkstörungen schizophrener Patienten erscheinen
als inkohärente Denkprozesse, sodass deren Bedeu-

tung nur schwer vom Beobachter verstanden werden kann. Wenn ein Patient die qualitativen Unterschiede der Inhalte seiner Gedanken nicht unterscheiden kann und diese daher beliebig aneinanderreiht, dann erscheinen seine Gedanken bedeutungslos oder zumindest unverständlich. Der Verlust der räumlichen Grenzen setzenden Funktion des Gehirns ist in der Megalomanie besonders beeindruckend. Unlängst hat einer unserer Patienten spontan sein bisher geheim gehaltenes Wirklichkeitserleben gelüftet: „Ich bin das Universum".

Interpretation des Verlustes der zeitlichen Selbst-Grenzen

Viele schizophrene Patienten bekennen, wenn man sie gezielt frägt, dass „alles ist wie es ist". Typische Wirklichkeitserlebnisse sind: „Ich lebe in der Ewigkeit" oder sogar: „Ich bin die Ewigkeit". Einer unserer Patienten, der mit Gott sprechen kann, frägt Gott Tag für Tag, „wann kommt der Tag, an dem die Welt zusammenbricht?" Die Stimme Gottes ist aber immer enttäuschend, denn sie sagt: "Keine Veränderung." Hier handelt es sich offensichtlich um den Verlust der glialen zeitlichen Grenzen setzenden Funktionen in tripartiten Synapsen, in denen die Neurotransmission nicht unterbrochen werden kann. Man könnte auch von einem „Ewigkeitswahn" sprechen.

Auf die Frage nach seinem Zeiterleben antwortet ein Patient Folgendes: „Da gibt es nichts, was ich nicht wahrnehmen kann. Vielleicht sind mir manche Dinge nicht bewusst, aber sie sind da. Da alles ein Hier und Jetzt ist, ist Evolution sinnlos." Man könnte dieses schizophrene Wirklichkeits- und Zeitempfinden als ein „ewiges Jetzt" (Mitterauer 2003 c) bezeichnen. Eigentlich beschreibt dieser Patient seine Wirklichkeit so wie Barbour das ewige Tableau, welches zu jedem gegebenen Zeitpunkt alles im Universum einschließt. Barbour nennt jede dieser möglichen bewegungslosen Lebenskonfigurationen ein „Jetzt". So gesehen haben auch viele Schizophrene absolut kein Problem mit der wirklichen Existenz ihrer Wahnideen oder halluzinatorischen Inhalte, diese sind einfach ein „Jetzt".

Aus der Perspektive von Barbours Zeittheorie ist der katatone Stupor besonders beeindruckend. Mit Ausnahme wichtiger Lebensfunktionen (Herz- und Atmungsfunktionen) ist der Patient regungslos und zeigt keine Reaktionen im Sinne einer völligen psychomotorischen Rigidität. Eine Kommunikation ist unmöglich. In einem derartigen Zustand verkörpert der Patient ein „bewegungsloses Jetzt". In seinem Buch „The end of time" beschreibt Barbour Menschen mit einer Hirnschädigung, welche sie unfähig macht, Bewegungen zu erkennen. Seine Schlussfolgerung ist ziemlich überraschend: „Wenn der Geist solche Phänomene produzieren kann, so dürfte er in normalen Gehirnen den Eindruck von Bewegung erzeugen." Ähnliche Überlegungen könnte man auch bei der Schizophrenie anstellen.

Wie bereits ausgeführt, gibt es vermutlich aber noch eine andere Spielart des schizophrenen Zeiterlebens. Wir haben immer wieder den Eindruck, dass sich manche Patienten der „intronischen Potenz" ihres Genoms bewusst sind. Da sie – folgt man meiner molekularen Hypothese – die Introne zwar nicht ver-

werfen können, als Preis dafür jedoch den intronischen Code „spüren" könnten. Sie leiden darunter,
dass die Nukleotide in den Intronen zu keiner
Machbarkeit von Proteinen führen, könnten aber ein
Zeitgefühl der Noch - Nichtmachbarkeit im Sinne eines evolutiven Zeitempfindens haben. Diese Patienten könnten sich vor allem deshalb krank fühlen,
weil sie sich zwar ihrer evolutiven Potenz irgendwie
bewusst sind, sodass sie sich für omnipotent halten,
gleichzeitig aber unter der Nicht-Machbarkeit ihrer
Ideen leiden und zunehmend ihre sozialen Fähigkeiten verlieren. Diesen Leidenszustand hat ein Patient
unlängst so ausgedrückt: „Herr Doktor ich bin der
allmächtige Gott, aber ich bin hungrig, bitte geben
sie mir etwas Geld für ein Essen. Jetzt weiß ich, warum ich hungrig bin. Der Teufel hat mich zu früh auf
die Erde geschickt."

Kasuistisches „Beweismaterial" – Verlust der Selbst-Grenzen

Fall 1: Totale wahnhafte Eigenbeziehung (Autoreferenz)

Erwin Maier berichtet aus seinem Leben Folgendes: Er sei 1953 in einem kleinen Ort in den Salzburger Bergen geboren. Geburt und frühkindliche Entwicklung seien unauffällig verlaufen. Der Vater sei als Bauarbeiter tätig gewesen, die Mutter sei Hausfrau. Er habe noch einen jüngeren Bruder. Die Kindheit sei eher schwer gewesen, da er und sein Bruder vom Vater viel geschlagen worden seien. Die Mutter sei depressiv gewesen. Er habe mit anderen Kindern gerne gespielt und bis etwa zum 16. Lebensjahr keine Probleme mit seiner mitmenschlichen Umgebung gehabt.

Die Familie sei dann nach St. Pölten gezogen, wo er die Grundschule abgeschlossen habe. Weil er die Aufnahmsprüfung in die HTL nicht geschafft habe, habe er zunächst das Polytechnikum absolviert und sei dann doch noch für 2 Jahre auf die HTL gegangen. Dann habe er diese Schule nicht mehr geschafft, weil er zu viele Westernhefte gelesen habe anstatt zu lernen. Nach dem HTL-Abbruch sei er 10 Jahre als Hilfsarbeiter in verschiedenen Firmen tätig gewesen. Mit 28 Jahren habe er noch einmal

versucht, die HTL in Form einer Abendmatura zu
absolvieren. Er habe daneben noch eine Zeit lang
gearbeitet, schließlich jedoch gekündigt, so dass er
arbeitslos gewesen sei.

In dieser Zeit sei es zu einer Auseinandersetzung mit
den Eltern gekommen. Der Vater habe ihm vorge-
worfen, dass er die depressive Mutter noch ins Grab
bringen werde. Daraufhin sei er zornig geworden
und habe zum Vater gesagt, dass der Vater ihn ins
Grab bringen werde, er werde jedoch den Vater mit
in das Grab nehmen. Aufgrund dieser Drohung habe
ihn der Vater in die Landesnervenklinik einweisen
lassen. Man habe ihn aber schon vorher schief an-
geschaut, weil er über 100 technische Fachbücher
gekauft und behauptet habe, dass er – jetzt noch
Hilfsarbeiter – Dozent für Technik werden werde.
Damals habe er sich noch zweimal in eine Frau verliebt, dann jedoch nicht mehr.

Krankheitsverlauf

Herr Maier leidet seit dem Beginn der 80-er Jahre
an einer paranoiden Schizophrenie. Der bisherige
Krankheitsverlauf stellt sich im Wesentlichen wie
folgt dar:
Bei seiner Erstaufnahme in der Psychiatrie wird er
einer Elektrokrampftherapie sowie einer antipsycho-
tischen Medikation unterzogen. Es wird aber nach
dem vierwöchigen stationären Aufenthalt auch über
mehrere Monate eine Familientherapie durchgeführt.
Herr Maier wohnt wieder bei den Eltern. In dieser
Zeit hätten die Eltern allerdings begonnen, seine Gedanken zu lesen und ihm etwas ins Essen zu mi-

schen, so dass das Essen fürchterlich zu stinken begonnen habe. Er habe die Eltern bei der Polizei deswegen angezeigt, jedoch mit dem Effekt, dass er
wiederum in die Landesnervenklinik eingewiesen
worden sei. Nach einigen Wochen sei er wieder entlassen worden, er habe ab dieser Zeit alleine in einer
Wohnung gelebt. Dort hat der Patient zunehmend die
Überzeugung bekommen, dass er im Auftrag der Eltern von einer Nachbarin vergiftet bzw. vergast wird.
Als er diese Frau zur Rede gestellt hat, wurde er erneut in die Landesnervenklinik eingewiesen. Nach
seiner Entlassung wurde ihm eine andere Wohnung
zur Verfügung gestellt, wo zunächst keine wahnhafte
Fehlinterpretation in Bezug auf die Nachbarn erfolgte. Nach einigen Monaten wird er jedoch erneut in
die Klinik eingewiesen. Auslösend war, dass er eine
Animierdame, die ihm den Geschlechtsverkehr ver-
weigerte, bedroht und geschlagen hatte.
Nun bereitet sich Herr Maier wiederum auf die
HTL-Abendmatura vor und bricht dabei den Kontakt
mit der behandelnden Ärztin ab, nimmt keine Medikamente mehr. Er schafft zunächst einen Teil der
schriftlichen Prüfungen wird jedoch zunehmend
psychotisch, so dass er die Matura nicht mehr ab-
schließen kann. Er lebt völlig zurückgezogen, fühlt
sich von den Nachbarn, die über ihm wohnen und
im Auftrag der Psychiatrie „arbeiten", ständig abgehört, vergiftet und durch ein Ohrensausen beeinträchtigt. Dadurch kann er keine Rechenbeispiele
mehr lösen. Herr Maier entwickelt zunehmend einen Hass auf die gesamte Bevölkerung, weil diese ja
die Psychiatrie finanziere.

Eines Tages wird ihm das alles zu viel, er nimmt
ein Messer und geht auf die Straße, um auf den erst-

besten Passanten einzustechen. Es ist eine vorbei-
kommende Mutter mit ihrem Kind. Herr Maier sticht
auf beide ein und verletzt sie schwer. Der Hass sei so
groß gewesen, dass er diese Tat setzten musste. Es
kommt erneut zu einer Klinikeinweisung und
schließlich zur Unterbringung in einer Anstalt für
geistig abnorme Rechtsbrecher. Nach fast 10-jähriger
Behandlung wird Herr Maier „unter gerichtlichen
Weisungen" aus dieser Anstalt entlassen.

Herr Maier wohnt nun alleine in einer Garconniere
in Linz. Schon bald kommt es wieder zu einer massiven wahnhaften Fehlinterpretation der Realität. Er
ist der absoluten Überzeugung, dass eine Nachbarin
im Auftrag der Psychiatrie seine Gedanken abhöre,
ihm den After in der Nacht aufschneide und ihn vergiften werde. Sein Hass auf die Psychiatrie, die ihn
vernichten wolle, wird wieder so groß, dass er erneut
mit einem Messer auf die Straße geht und eine jun-
ge Frau, die zufällig des Weges kommt, niedersticht.
Er wird wiederum in eine Klinik für zurechnungsun-
fähige geistig abnorme Rechtsbrecher eingewiesen.
Hier stellt sich der Krankheitsverlauf bisher wie folgt
dar:

Herr Maier verbringt die meiste Zeit mit der Lösung
von Rechenaufgaben aus dem Gebiete der Elektro-
technik. Er kann diese Beispiele auch tatsächlich
lösen und verhält sich zunächst angepasst auf der
Station. Nach einigen Wochen kommt ein neuer Mitpatient in das Zimmer von Herrn Maier. In mehr-
wöchentlichen Abständen löst dieser neue Patient bei
Herrn Maier die Überzeugung aus, dass er über ein
implantiertes Gerät von der Psychiatrie abgehört und
am Schlafen gehindert werde. Anfänglich macht er

bestimmte Pfleger dafür verantwortlich, schließlich die gesamte Psychiatrie. Er sei von der Psychiatrie verdammt worden, ein Leben lang in einer geschlossenen Anstalt bleiben zu müssen. Dagegen könne weder er noch irgendjemand anderer etwas machen. Vor allem quäle man ihn dadurch, dass man ihn nicht rechnen lasse und er dadurch falsche Ergebnisse bekomme.

Um wenigstens die Lebensqualität von Herrn Maier zu verbessern, wurde für ihn ein Einzelzimmer bereit gestellt. Der Patient war damit sehr einverstanden, konnte wieder rechnen und war freundlich im Kontakt mit dem Behandlungsteam. Nach einigen Wochen klagte Herr Maier bei der Morgenvisite, dass ihm das Pflegepersonal seit 3 Tagen den After aufschneide. Diese Qual sei derart schlimm, so dass er rückblickend froh sei, eine Frau niedergestochen zu haben. Diese Tat habe ihn wenigstens ein wenig entlastet. Im Übrigen verletze ihn das Pflegepersonal schon seit Jahren. Der Patient kann dadurch etwas beruhigt werden, da die Stationsärztin an das Pflegepersonal ein „Verbot" dieser Handlungen erteilt.

In den folgenden Wochen und Monaten wechselt der psychobiologische Zustand des Patienten geradezu regelmäßig zwischen einer guten Anpassung im Sinne des „Rechnenkönnens" und massiven psychotischen Einbrüchen. So ist er phasenweise überzeugt, dass ihn das Pflegepersonal im Auftrag der Stationsärzte vom Rechnen abhalte, abhöre und nicht schlafen lasse oder ihn sogar im Analbereich verletze. Am meisten leidet Herr Maier darunter, wenn man ihn nicht rechnen lässt. Er vermutet, dass ihn die Psychiatrie durch die „Elektroschocks" einen

Hirnschaden zugefügt hat. Da die psychopharmako-
logische Medikation auf die Wahnideen des Patienten keinen therapeutischen Einfluss hatte, wurde
versucht, in die „Wahnwelt" von Herrn Maier aktiv
„einzusteigen". Es wurde ein Computertomogramm
des Gehirnschädels durchgeführt, wo sich eine mä-
ßige Hirnatrophie sowie die bekannte Erweiterung
des Ventrikelsystems zeigte. Dem Patienten wurden
diese Bilder gezeigt und als „Erklärungsmodell" für
seine wiederkehrende „Rechenschwäche" herangezogen. Dadurch erlebte sich Herr Maier das erste
Mal bestätigt, was sich über mehrere Wochen auf
seinen psychobiologischen Zustand sehr positiv aus-
wirkte. Er fühlte sich nun von der Psychiatrie in Ruhe gelassen und war nicht mehr irritiert, wenn er
sich beim Rechnen nicht konzentrieren konnte. Er
wünschte sich sogar, für alle Zeit in diesem Zimmer
bleiben zu dürfen. Er ergebe sich nun endgültig diesem „Programm" der Psychiatrie. Dieser Zustand
hielt jedoch nur 5 Wochen an.

Plötzlich klagte Herr Maier über Schmerzen in beiden Knien, die ihm die Psychiatrie zufügt. Er teilt
dies der Stationsärztin schriftlich mit. Es wurde erneut der Versuch unternommen, dem Patienten über
Röntgenbilder der Kniegelenke, wo sich leichte Ar-
throsen zeigten, ein Erklärungsmodell und eine Phy-
sikotherapie anzubieten. Dieses Mal geht der Patient
jedoch nicht darauf ein. Er spricht 1 Woche lang
nichts, nimmt keine Nahrung zu sich und vermeidet
bei den Visiten jedweden Blickkontakt. Eine parente-
rale Medikation war nun erforderlich. Zeitweise ver-
suchte er jedoch, Rechenbeispiele zu lösen. Als Herr
Maier endlich wieder spricht, kommentiert er sein
Verhalten der letzten Woche so:

„Das Ganze hat damit begonnen, dass ich der Stationsärztin einen Brief geschrieben habe, mit der Bitte, die Psychiatrie soll mir nicht weiterhin Knieschmerzen zufügen. Daraufhin sind die Schmerzen in meinen Knien noch stärker geworden. Daneben habe ich noch andere Beschwerden, über die ich aber nicht sprechen will. Damit nicht alles noch schlimmer wird, habe ich nichts mehr gesprochen. Wenn ich euch was sage, verwendet ihr es gegen mich. Ich habe daher die letzten Tage aus Trotz nichts gegessen. Spazieren gehen mag ich auch nicht mehr, sonst werden meine Knie noch schlimmer. Ich rede nur deshalb wieder, dass ich von den Infusionen loskomme. Ihr alle seid Schuld an dem Ganzen, die ganze Psychiatrie".

3 Tage später gibt Herr Maier jedoch die Ursache für sein Schweigen bekannt. Er habe beim Brausen entdeckt, dass der rechte Knöchel etwas mehr nach innen abstehe als der linke. Dies sei auf eine Manipulation der Psychiatrie zurückzuführen. Ein erneuter Erklärungsversuch, dass am Körper nichts wirklich symmetrisch ist, überzeugte den Patienten erwartungsgemäß nicht.

Interpretation

Dieser schizophrene Patient demonstriert geradezu, wie sich seine wahnhafte Fehlinterpretation der Realität an seinem Körper abspielt. Er leidet an einer totalen wahnhaften Eigenbeziehung. Überlegt man sich, dass zwar versucht wurde, durch ein „Mithandeln" in die Wahnwelt des Patient einzusteigen, so ist es dennoch bei einer Scheinbegegnung geblie-

ben. Es besteht aber auch ein Verlust der Selbst-
Grenzen dahingehend, dass eine begriffliche und
ontologische Verallgemeinerung besteht. Im ober-
flächlichen Alltagskontakt kann der Patient zwar die
unterschiedlichen Funktionen der betreuenden Personen auf der Station unterscheiden, im Wahn sind
sie jedoch nicht mehr unterscheidbar, sondern alle
sind die Psychiatrie schlechthin.

Was die Tatbegehungen von Herrn Maier betrifft, so
handelte es sich um einen typischen Handlungsstil
wahnhafter Patienten, nämlich um die so genannte
„wahnhafte Wehrlosigkeit" (Mitterauer 1991). Herr
Maier fühlte sich zu dem Tatzeitpunkt von der Psychiatrie derart verfolgt und beeinträchtigt, so dass er sich
dagegen wehren **musste**, indem er eine Gewalttat
setzte. Besonders tragisch ist, dass der Patient das in-
dividuelle Schicksal seiner Opfer nicht erkennen
kann, sie sind lediglich ein „Jemand" aus der Bevölkerung, welche die Psychiatrie finanziert und dadurch
unterstützt.

Fall 2: Verlust der Selbst-Grenzen, Doppelgängertum und Todeserlebnisse

Der 30-jährige Michael Ferner leidet seit dem Beginn des Erwachsenenalters an einer paranoiden
Schizophrenie und betreibt einen symptomatischen
Missbrauch von Alkohol, Beruhigungsmitteln und
Cannabis. Er kommt zur stationären Aufnahme, weil
er seine Großmutter und seine Tante mit dem Tode
bedroht und die Tante mit einem Messer lebensge-
fährlich verletzt hat. Es handelt sich dabei um die
7. Aufnahme an einer psychiatrischen Klinik.

Herr Ferner ist in Innsbruck geboren. Die leiblichen Eltern hat er nie kennen gelernt, angeblich sind sie schon verstorben. Er ist bei der Großmutter mütterlicherseits aufgewachsen. Er hat noch 5 Geschwister, die alle in Heime gekommen sind und von deren weiteren Schicksalen er nichts weiß. Die Großmutter will darüber nicht sprechen. Er selbst hat 9 Jahre die Sonderschule besucht, weil er sich beim Lernen schwer getan hat. Anschließend hat er zu arbeiten versucht, was ihm jedoch nicht gelungen ist. Herr Ferner lebt von der Unterstützung des Sozialamtes. Mit der Großmutter hat er sich immer gut verstanden, seit einiger Zeit hat er jedoch Probleme mit ihr. In den letzten Jahren ist er mehrmals an der Landesnervenklinik aufgenommen und behandelt worden. Vor der letzten stationären Aufnahme war er unstet und hat sich vorwiegend im „Suchtmilieu" aufgehalten. Herr Ferner ist ledig und hat keine Kinder.

Über sein wahnhaftes Wirklichkeitserleben berichtet der Patient Folgendes:

Was die angelasteten Taten betreffe, so sei er in der Früh laufen gewesen und habe zwei Polizisten gesehen, die gesagt haben: "Das ist der Ferner. Den greifen wir uns jetzt." Es habe nämlich gegen ihn einen mündlichen Haftbefehl gegeben, weil ihn die Tante angezeigt habe, dass er sie geschlagen habe. Er habe mittlerweile diese Anzeige gelesen. Die Anzeige stimme jedoch nicht, weil er gar nicht zu diesem Zeitpunkt bei der Tante gewesen sei. Er sei sich sicher, dass es einer seiner vielen Doppelgänger gewesen sei. Es komme nämlich öfter vor, dass einer seiner Doppelgänger etwas anstelle, wofür er verant-

wortlich gemacht werde. Er habe bisher nur einmal
bei einem Geschäft einen Doppelgänger gesehen. Er
habe jedoch noch nie mit einem Doppelgänger Kontakt aufnehmen können: „Da macht einer meiner
Doppelgänger einen Bankraub und ich bin dran."

Als mögliche Erklärung für seinen Doppelgänger könne der Umstand herangezogen werden, dass er vor einigen Jahren Samen gespendet habe. Es gehe sich jedoch mit den Doppelgängern zeitlich nicht recht aus,
es sei jedoch alles möglich. Einer der Doppelgänger
habe mit einem Messer gegen Ausländer gestochen.
Er sei einmal bei einem Freund gewesen, da habe er
einen Geist aufstehen sehen, der genau so wie er aus-
gesehen habe, er habe jedoch einen Schnauzbart getragen. Er sehe auch öfter schwarze Punkte herumflie-
gen. Er wolle einmal die ganze Partie der Doppelgänger sehen und ein Machtwort sprechen, dass sie sich
zivilisiert aufführen. Er selbst sei ja friedlich.

Zur Zeit habe er eine Freundin, welche jedoch keine
Drogen nehme. Er rauche gerne Haschisch und
trinke gerne Weißwein. Unter Haschisch werde er
ruhig und gelöst. Er habe große Angst, dass wieder
einer der Doppelgänger der Tante etwas antue. Mit
der Polizei habe er eigentlich keine Probleme, er habe sich bei seiner Verhaftung einfach losreißen wollen. Er wolle einen Boxkurs machen, um sich vertei-
digen zu können. Er glaube, dass seine Doppelgänger von der Jugomafia bezahlt werden. Er sei nämlich auf der rechten Seite. Er habe einmal eine Stimme gehört, welche ihm Folgendes gesagt habe:
„Nimm ein Messer und geh auf die Straße, dann
warte bis jemand vorbeikommt und stich diesen
Menschen ab." Bisweilen habe er die Überzeugung,

dass er schon jemanden erschossen hat. Er habe
auch schon mit einem Schwert Leute zerstückelt.
Das sei jedoch wahrscheinlich nicht er gewesen,
sondern einer seiner Doppelgänger. Er habe auch
Kontakt mit dem Voodoozauber. Er sehe beispielsweise in den Blumen Tiere sitzen, die verseucht und
giftig sind. Unlängst habe ihm die Großmutter ein
verkalktes Schnitzel aus der Waschmaschine ser-
viert. Sie habe ihn vergiften wollen, er habe das
Schnitzel aus Zorn weggeschmissen. Er sei überzeugt, dass man ihn in diesem Haus vergiften will.
Er wolle jedoch weiterleben und müsse sich gegen
diese Vergiftungsversuche wehren. Zuletzt habe er
da und dort gewohnt. Alleine wolle er nicht wohnen.
Das Haschisch und der Weißwein gingen ihm jetzt
auf der Station nicht ab.

Es komme öfter vor, wenn er bei der Großmutter sei,
dass plötzlich die Türe aufgehe und eine große
schwarze Frau hereinkomme, die irgendein unheim-
liches Tier – wahrscheinlich einen Vogel – mit sich
trage. Dieser Vogel habe ihn am Kopf gebissen und
er habe sich dagegen nicht wehren können, weil sein
Nervensystem weg war. Die schwarze Frau sei jedoch angefressen gewesen, weil das Vieh nach dem
Biss gestorben sei, weil es sich an seiner Hepatitis
infiziert habe. Er sei schon sieben Tode gestorben,
komme jedoch immer wieder zum Leben. Eine Hexe
verlange von ihm, dass die Sonne nicht mehr aufgehe. Er liebe aber die Sonne sehr. Wenn er es nicht
mache, müsse er sterben. Alle diese Erlebnisse seien
sehr anstrengend. Er habe sich schon gedacht, dass
er sich eine Pistole kaufe, um sich schützen zu können. Einmal sei bei der Großmutter einer herein gekommen, der ihn erschossen habe. Am nächsten Tag

sei er jedoch wieder bei strahlender Sonne auferstanden. Die Hexe wolle, dass alles finster werde und die Schrecklichkeit die Welt regiere.

Er habe auch schon den Teufel in verschiedenen Gestalten als Verwandlungskünstler gesehen. Wenn er sich seiner Macht widersetze, bringe ihn der Teufel in die Hölle. Da gebe es Gott sei Dank noch den Himmelvater, der da was mitzureden habe. Gestern habe er überhaupt keine Gefühle und keine Nerven mehr gehabt. Er sei im Bett gelegen und habe erlebt, wie der Geist in Richtung Himmel aufsteige. Gott habe nämlich mehr gemacht als der Teufel und entscheide, wer in den Himmel und wer in die Hölle komme. Das sei alles ein Kampf zwischen Gott und Teufel, er stehe mitten drinnen. Dies alles mache ihn total fertig. (Während des Gespräches empfindet Herr Ferner am Stuhl, auf dem er sitzt, elektrische Ströme und muss einen anderen Platz einnehmen.)

Interpretation

Dieser Patient leidet unter optischen, akustischen und taktilen Halluzinationen und fühlt sich durch Vergiftungserlebnisse völlig beeinträchtigt. Die Gewalttat resultierte aus der wahnhaften Fehlinterpretation, dass ihn seine Großmutter und seine Tante vergiften wollen. Auch hier handelt es sich um eine wahnhafte Wehrlosigkeit. Der Verlust der Selbst-Grenzen tritt bei diesem Patienten vor allem halluzinatorisch, kommunikativ und panpsychistisch in Gestalt seiner Doppelgänger in Erscheinung. Alles, was in seinem Gehirn vorgeht, ist für ihn Wirklichkeit. Er kann weder die ontologische Eigenständigkeit noch die qualitativen

Unterschiede zwischen sich und den Subjekten bzw. Objekten der Umwelt unterscheiden.

In seinem Zustand der Dysintentionalität erlebt er die Nicht-Machbarkeit seiner Ideen in der zwischenmenschlichen Begegnung als totale Eigenbeziehung im Sinne des Vergiftetwerdens. Da alles, was er erlebt er selbst ist, sind alle Dinge belebt (Panpsychismus) oder seine Doppelgänger. Phasenweise kommt es zur völligen Generalisierung der Hirnfunktionen (Holismus), so dass vorübergehend keine getrennten Wirklichkeitsbereiche (lebensnotwendige Brüche) erkannt werden können, was einem Todeserlebnis gleichkommt.
Aus interdisziplinärer Sicht stellt sich die Frage, ob das „schizophrene" Phänomen der vielen Doppelgänger physiktheoretisch begründbar sein könnte. Eine ernst zu nehmende kosmologische Theorie postuliert parallele Universen (Multiuniversen). Demnach hat die Erde unendlich viele Doppelgänger. Auf den Menschen bezogen beschreibt Tegmark (2003) diese Situation sehr anschaulich: „Gibt es eine Kopie von Ihnen, die gerade dieses Buch liest? Jemand, der nicht Sie selbst ist, aber auf einem Planeten namens Erde lebt. Das Leben dieser Person war bisher in jeder Hinsicht mit Ihrem identisch. Aber vielleicht entscheidet er oder sie gerade, dieses Buch wegzulegen, während sie weiterlesen .... Höchstwahrscheinlich werden Sie Ihre Doppelgänger nie zu Gesicht bekommen .... Die Universen unserer Doppelgänger sind Kugeln des gleichen Durchmessers mit dem Planeten unseres Alter Ego im Zentrum. Dies ist das einfachste Beispiel für Paralleluniversen. Jedes Universum ist nur ein kleiner Teil eines größeren Multiuniversums."
In Abb. 11 (a,b) versuche ich formal darzustellen, dass sich das „schizophrene" Doppelgängertum zwanglos

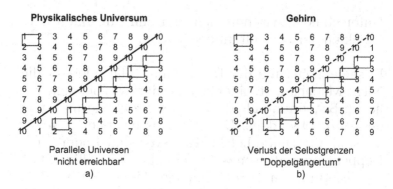

Abb. 11. Radikale Grenze zwischen den parallelen Universen (a). Verlust der Selbstgrenzen im Gehirn erscheint als
viele Doppelgänger (b) (siehe Text)

von der Theorie der Parallelen Universen ableiten
lässt, wenn man einen Verlust der Selbst-Grenzen
annimmt. Es handelt sich um zwei (a,b) idente
Zahlenquadrate. Überblickshalber ist in der linken
oberen Ecke der kleinst mögliche Kreis (12321) als
geschlossene Linie eingezeichnet. Das Zahlenquadrat
(a) ist diagonal (10) durch eine dicke Linie getrennt.
Der Kreis 12321 tritt nun jenseits dieser radikalen
Grenze siebenfach auf. In anderen Worten: das geschlossene System (Kreis 12321) – interpretiert als
ein „irdisches" Universum – hat jenseits dieser Grenze zahlreiche idente Paralleluniversen bzw. Doppelgänger. Auf den einzelnen Menschen bezogen –
dargestellt als geschlossenes System (Kreis 12321)
– bedeutet dies, dass wir im Diesseits keinen Kontakt
mit unseren „jenseitigen" Doppelgängern aufnehmen
können.

Überträgt man nun diesen Formalismus auf das Gehirn eines schizophrenen Patienten, so ist alles
gleich wie in der Theorie der Parallelen Universen

(a), außer dass sich die radikale Trennlinie (gestrichelte Linie) in b aufgelöst hat. Auf diese Weise wird das Gehirn in der Schizophrenie zum Universum schlechthin und die an sich Parallelen Universen (Kreise 12321 in der rechten Hälfte des Quadrats) werden als Doppelgänger existentiell erlebt. Eine unserer Patientinnen hat dieses Wirklichkeitserleben unlängst sogar in einer physikalischen Wortwahl ausgedrückt: „Wir sind alle lauter goldene Kugeln." Handelt es sich hier um eine „schizophrene" Überlegenheit des Wirklichkeitserlebens im Vergleich zur beschränkten Erkenntnisfähigkeit so genannter normaler Gehirne? Sollte sich die Schizophrenieforschung nicht auch vermehrt an der theoretischen Physik orientieren?

Fall 3: Halluzinatorischer Verlust der Selbst-Grenzen und Panpsychismus

Es handelt sich um einen 34-jährigen (mittlerweile verheirateten Mann und Vater einer Tochter), den ich hier lebensgeschichtlich bedingt „Legionär" nennen möchte. Er leidet an einer paranoid-halluzinatorischen Schizophrenie.

Lebensgeschichte

Der Patient ist in Wels ehelich geboren und in intakten familiären Verhältnissen aufgewachsen. Der Vater, schon verstorben, war Magistratsbeamter, die Mutter lebt noch und ist Hausfrau. Er hat noch einen älteren Bruder, der im Ausland als Manager sehr erfolgreich ist. Der Legionär war ein guter Schüler und hat die Grundschule sowie die HTL problemlos ab-

solviert. Ohne in den Beruf einzusteigen, ist er jedoch aufgrund einer schweren Identitätskrise zur
Französischen Fremdenlegion gegangen, wo er auch
ausgedient hat. Gegen Ende der Legionärszeit ist er
bereits in seinem Verhalten auffällig geworden, so
dass er in einer Klinik untersucht wurde. Er habe
dem Arzt jedoch nichts davon erzählt, was in ihm
vorgegangen sei.

Nach seiner Entlassung aus der Legion ist er dann in
der Welt herumgereist und beispielsweise auch in
Brasilien gewesen. Zu dieser Zeit bestand bereits das
Vollbild der paranoiden Schizophrenie. In seine Hei-
mat zurückgekehrt, lebte er zunächst bei seiner Mutter. Aufgrund der Schwere der Erkrankung und der
damit einhergehenden Anpassungsprobleme kam es
zu mehreren Aufenthalten in einer psychiatrischen
Klinik. Wenngleich die Behandlung zunächst
schwierig war, ist es dennoch im Laufe der Zeit zu
einem guten Kontakt zur behandelnden Ärztin gekommen. Dadurch wurde vom Patienten auch akzeptiert, die Medikation regelmäßig einnehmen zu müssen. Mittlerweile hat der Legionär geheiratet und ist
Vater einer kleinen Tochter. Ferner geht er regelmäßig einer Arbeit in der Klinikgärtnerei nach.

Ich habe mit dem Legionär viele Gespräche geführt,
so dass ich bei dieser Falldarstellung einen meiner
Dialoge wiedergeben möchte (Mitterauer 2004 e).
Auf diese Weise kann der Leser auch nachvollziehen,
welche Fragen ich ihm gestellt habe.

Doktor (D): Sie haben vergangenen Mittwoch mit
dem Teufel den Himmel besiegt. Wie ist das zuge-
gangen?

Legionär (L): Ich bin mächtiger als der Teufel. Das ist gefährlich. Erst wenn ich tot bin, kann ich mich verwirklichen.
Dieser Sieg war aber nicht endgültig, weil der Teufel am nächsten Tag den Himmel erneut attackiert hat.
Ich verstehe das auch nicht. Schreibe einfach nieder, was mir die Geister sagen.

D: Sie haben an diesem Tag eine „Attacke" erlitten. Haben Sie dabei die Attacke des Teufels gegen den Himmel miterlebt?

L: Ich habe gewusst, dass es mit der Attacke des Teufels gegen den Himmel zusammenhängt. In der Attacke reden meine Freunde. Sie sagen mir: „Glaub den Blödsinn nicht." In der Attacke werde ich auch von Homosexuellen gefickt. Ich setzte auf Zeit bei dem Ganzen. In der Attacke halten alle meine Freunde zu mir. Behinderte haben einen Sinn. Sie sind eine wahnsinnige Bereicherung für die Gesellschaft. Meine Attacken sind schon eine Behinderung. Ich gebe Gott die Schuld, weil er mit dem Stimmenhören angefangen hat.

D: Haben Sie den Ausdruck „Attacke" aus Ihrer Legionärszeit?

L: Die Attacke beginnt mit einem Farbenschauen. Dann fragen mich die Geister, ist das eine Attacke? Ich glaube, dass mich böse Geister attackieren.

D: Haben Sie gesehen, wie Maria im Himmel eine Vorlesung über den Frieden gehalten hat?

L: Das hat mir einer gesagt, ich habe es automatisch

niedergeschrieben. Ich habe es für Sie getan, nicht für mich. Mein Wissen ist mir so implantiert, dass ich damit etwas anfangen kann.

D: Wer sind eigentlich die Hexen, die die Macht des Teufels mindern und die Herrschaft auf Erden wollen?

L: Am Untersberg gibt es lauter kleine Hexenhäuser. Die können einen zu einem Frosch verzaubern.

D: Sie haben am vergangenen Mittwoch geschrieben, dass der Teufel und Maria uns helfen, einen Artikel zu schreiben. Wen meinen Sie mit **uns**?

L: Vater unser, beten Sie ja auch. Es geht immer um die Mehrzahl. Ich bete stellvertretend für die ganze Menschheit.

D: Sie schreiben: „Am Wochenende ist etwas Wunderbares passiert. Hexen und Teufel sind damit einverstanden, dass Maria die Herrschaft auf Erden für das 21. Jahrhundert hat. Am Samstag ist dann Friede ins Land gekehrt." Wie haben Sie das alles erlebt?

L: Ich erlebe das nicht. Ich glaube einfach, was die Geister sagen.

D: Warum ist auf Erden nichts beständig?

L: Weil immer wieder neue Generationen kommen, die das Weltbild nach ihren Vorstellungen verändern.

D: Ich habe immer das Gefühl, dass eigentlich jede

Person, von der Sie sprechen, Sie selber sind oder sein könnten.

L: Nach dem Unendlichen komme ich. Die Frage ist, ob die Geister überhaupt wollen, dass man sie versteht.

D: Ich war gestern in der heiligen Messe. Wir Christen glauben ja, dass sich bei der Wandlung das Brot in den Leib Christi und der Wein in sein Blut verwandelt. Befindet sich ihr Körper auch in einem Verwandlungsprozess?

L: Ich erlebe, dass sich mein Körper verändert. Da rennen sie halt als Affe herum. Spirituell ist viel möglich.

D: Haben Sie ein Vertrauen zu mir?

L: Eigentlich schon. Ich will aber nicht, dass Sie ein Buch über mich schreiben, sondern meinen Artikel veröffentlichen. Das würde mir helfen. Mann-sein ist schwieriger als Frau-sein, weil Männer stehen in einem ständigen Kampf um die Macht. Der Mann lebt in der Zukunft, die Frau in der Gegenwart.

D: Wer kann Ihnen helfen? Oder brauchen Sie gar keine Hilfe?

L: Der Teufel, die Mutter Gottes. Die Geister sagen, sie machen mich normal.
Mein Vater ist Beamter bei der Landesregierung gewesen und hat es durch die Absolvierung vieler Kurse vom Mechaniker bis zum Amtsrat gebracht. Die Mutter hat immer gegen den Vater gehusst, so habe ich ge-

glaubt, dass der Vater böse ist. Auf diese Weise habe ich nichts mehr mit ihm geredet. Ab dem 12. Lebensjahr habe ich ein Eigenleben geführt und mich selbst erzogen. Als ich 6 Jahre alt war, hat die Mutter zu mir gesagt, sie hätte lieber ein Mädchen gehabt.

Du bist eine Kopie von Vater und Mutter. In der Legion habe ich die Freunde kopiert, das ist gefährlich. Es kommt darauf an, wer der Vater ist. Das ist Geheimnisverpfiff.

Man muss aufpassen, weil die Gesellschaft sehr gefährlich ist. Das sagen die Geister zu mir. Sprich niemals zu jemandem über dein Leben, das hat in Brasilien ein spiritueller Mensch zu mir gesagt.

Ich war in Französisch Guyana auch schon in der Psychiatrie. Ich habe aber nicht gesagt, dass ich die Geister höre. Ich habe gesagt, dass ich gesund bin.

Meine Kuscheltiere sind viel mächtiger als der Mensch. Nach Macht streben hat auf Erden keinen Sinn. Ich kämpfe den ganzen Tag, dass ich zu keiner Marionette werde. Die Geister hauen mir lauter Hacken hinein, unendlich. Wenn man mit den Büchern sprechen kann, dann kann man nicht lesen. Die Geister lenken mich auf eine Zeile hin und sagen zum Beispiel, wenn ich die Bibel lese, „du bist Jehova". Ich komme in den Zwiespalt, was ich glauben soll, das was ich höre oder was ich sehe. Ich hätte bei der Legion in eine Spezialeinheit kommen können. Das wäre gescheiter gewesen als die Scheiße, die ich jetzt habe. Ich weine viel, weil mir keiner hilft, ich muss alles alleine machen. Beim Rosenkranzbeten stellen sie mich als Weltsünder Nummer 1 hin. Was mir gelingen müsste, ist, Zaubersprüche zur Verfügung zu haben, so dass etwas passiert.

D: Bin ich Ihr Doktor?

L: Im Park haben sie mir gesagt, dass ich mit Jesus Christus spreche. Ich weiß nicht, ob das zutrifft. Ich bin jetzt 31 Jahre und des Teufels General. Wenn ich gesund bin, sagen sie mir, soll ich bei der Post arbeiten. Nur mit Geistern sprechen, ist ein Wahnsinn. Man verliert den Bezug zur Realität.
(Der Legionär zeigt mir die Überschrift des „Rupertus Blattes" wo steht: „Befähigt und gesandt" und sagt: die Geister haben zu mir gesagt, das bin ich").
Meine Freunde sagen zu den Eichkätzchen, dass sie vor mir auf der Wiese spielen sollen, dass ich mich freue.

D: Was sehen Sie in den Spiegeln?

L: Wenn ich länger in einen Spiegel schaue, sehe ich andere Gesichter. zB Adolf Hitler, den Teufel etc. und spreche mit diesen Personen. Ich sehe aber auch das eigene Gesicht, welches mir gefällt. Ich habe aber andere Augen.
Ich gehe nicht mehr zur Gartenarbeit. Denn die Hexen sagen mir, was die Gärtner abschneiden, ist ein heiliges Kraut, das ist Mord. Ich brauche aber eine Beschäftigung, jedoch keine manuelle, denn dann kommen die Attacken wieder daher. Ich darf nichts angreifen.
Beim Obusfahren sagen sie mir, dass ich an einer bestimmten Stelle aussteigen muss, denn das ist der Jupiter. Ich habe eine Begabung, die Maria und Gott nicht haben.

D: Erzählen Sie mir etwas über die Legionärszeit.

L: Ich war unter den Legionären extrem schüchtern. Ich habe keine Erfahrung gehabt, was Frauen betrifft

und konnte nicht mitreden, wenn wir beisammen ge-
sessen sind.

D: Wann sind zum ersten Mal die Geister aufgetreten?

L: Kann man schwer sagen. Die Geister sagen, sie
haben mich schon immer erzogen.
Die Medizin kann nicht heilen, nur Schmerzen lin-
dern. Meine Anhaltung in der Klinik hat genau vier
Monate gedauert. Durch Sie bin ich heraus gekommen und Sie waren eine Marionette des Teufels. Bei
der Legion war ich etwa eine Woche vor dem Aus-
scheiden plötzlich ein starker Mann. Da waren die
Geister das erste Mal spürbar. Ich bin ganz knapp
vor Autos über die Straße gegangen. Ich habe auch
auf der Straße geschlafen. Ich bin ferngesteuert gegangen. In Bibliotheken habe ich Hexenarbeit gemacht. Da habe ich die Bücher wieder weggeschleu-
dert. In Südamerika haben mir die Hexen geholfen.
Die Polizei wollte mich nämlich umbringen. Das ist
immer noch der Fall.

D: Haben Sie noch Kontakt zu Ihrer Mutter?

L: Wenig, es hat keinen Sinn mehr, es gibt nur Strei-
tereien.

D: Sie haben mir gesagt, dass Gott tot ist.

L: Die Geister sagen, dass ich eine ungeheuere
Macht habe, aber ich spüre nichts davon. Die Geister
sagen auch, dass ich Gott liquidiert habe, weil er mir
das angetan hat. Gott hat die Erde geschaffen, nicht
das Weltall. Es gibt aber eine abgeschlossene Gottes-

welt. Ein Gesetz des Universums ist: du sollst nach nichts streben. Wissenschaft ist verboten.

D: Ist Ihre Frau die heilige Maria?

L: Normalerweise nicht. Gestern ist mir in der Attacke vorgekommen, dass ihre Hände, die mich gestreichelt haben, die Hände Marias sind.

D: Ist Gott und der Teufel eigentlich die selbe Person?

L: Davon halte ich nichts. Sie sind zwei verschiedene Personen. Ich habe schon beide gesehen. Der Teufel sieht aus wie ein Magier, Gott wie ein Krieger.

D: Gibt es die Ewigkeit?

L: Das Kreuz verkörpert die Ewigkeit.

D: Gibt es für den Menschen einen Anfang und ein Ende?

L: Der Anfang ist die Schöpfung. Das Ende der Menschheit kommt dann, wenn die Sonne aufhört zu strahlen. Wissenschaftler sagen Nonsens? Es geht alles in die Ewigkeit. Die Erde ist eine Scheibe und unterhalb dieser Scheibe befindet sich die Hölle. Das ist das Totenreich. Schauen Sie, ich schlage mich jetzt mit dem Zigarettenpackerl herum. Das Packerl ist der Teufel. Ich bin der Ansicht, Gott ist tot. Er ist liquidiert worden. Die Sonne ist ein normales Lebewesen, das regelmäßig arbeitet und dann wieder ruht.
Ich kann mit den Außerirdischen sprechen. Auf der Erde ist alles Glaubenssache, es gibt keine wissen-

schaftlichen Beweise. Die Geister sagen zu mir:
schau Dich um, Du bist eh' alleine auf der Welt. Es
gibt für alles wunderbar einfache Erklärungen. Mit
den Geistern kann ich alles machen. Sie bleiben
bei mir bis ich wieder normal bin. Das einzige
Krankhafte an mir sind die Attacken. Wenn Du
in den Himmel kommst, dann wirst Du ein Engel.
Vorher musst Du jedoch noch die Engelsakademie
besuchen und dann erst kann man gegen den Teufel
kämpfen. Wenn man den Teufel besiegen will,
muss man sein bester Freund werden und ihn dann
zum Selbstmord überreden. Der Teufel ist ein behin-
derter Mann, er hilft ohne Mitleid. Er kennt keine
Gnade.

D: Kann der Teufel alles machen?

L: Nein, er ist nicht allmächtig.

D: Sie sind der Chef der kleinen Teufel – den Grö-
ßenwahnsinnigen.
Könnten sie dann prinzipiell auch alles machen?

L: Das ist schwierig. Selten gebe ich Befehle den
kleinen Teufeln. Ich habe in der Weltgeschichte etwas mitzureden. Ich bin in einem Schema geboren
worden, das sollte ich nicht verlassen. Ich will dieses
Schema nicht verlassen.

D: Verkörpern Maria bzw. die Frauen das Gute?

L: Maria ist die Verkörperung des Guten. Ich spreche gerade mit Maria Mutter Gottes. Sie fragt mich,
ob Analsex verboten ist. Es gibt böse Geister, die
nicht unter der Herrschaft des Teufels stehen.

D: Kann Maria alles machen, wenn sie will?

L: Nein. Sonst gäbe es kein Leid mehr auf der Erde.
Bei allem was man schreibt und erlebt muss man
sich auf sein Schema, die Geburtsmission, beziehen.
Was vor der Geburt war, interessiert mich nicht. Ich
will aber in den Himmel kommen. Der Teufel sagt,
dass man ein beinharter Mann wird. Scheißegal, ob
Du in die Hölle oder in den Himmel kommst. Das ist
eine Sache des Auserwählten.

D: Leiden Sie darunter, dass Sie nicht alles machen
können, was sie eigentlich könnten? Dass Sie beispielsweise Schwierigkeiten haben, von den Mitmenschen verstanden zu werden, dass Sie unter Attacken
leiden oder dass Sie wenig Geld haben?

L: Es geht alles ferngesteuert, nichts ist Zufall. Die
Geister sagen, dass meine Invaliditätspension einmal
der Teufel bzw. die Kirche zahlen wird. Ich bin zufrie-
den. Ich habe allen materiellen Werten abgeschworen.

D: Sie wissen so viel, leiden Sie eigentlich darunter?

L: Nein, selbst die Attacken nehme ich hin. Die Zeit
dazwischen ist wunderschön.

D: Warum ist auf der Erde überall Kampf?

L: Es ist ein Männerkampf, es besteht ein permanenter Kampf, wer stärker ist.

D: Gibt es im Paradies auch Kämpfe?

L: Keine Ahnung. Es ist im Paradies wie zu Zeiten

von Adam und Eva. Ich habe bei den Geistern, die
zu mir reden, Freunde aus dem Himmel. Jetzt sagt
gerade eine Stimme: „Im Himmel ist das Beste, man
trägt sich gleich in die Engelsschule ein."

D: Jemand hat einmal zu mir gesagt: „Im Paradies
sind Mann und Frau ganz eng beisammen, nichts ist
dazwischen." Sehen Sie das auch so?

L: Das verstehe ich nicht. Das kann aber stimmen.

D: Ein anderer Mann hat mir gesagt: „Ich bin die
Ewigkeit, jetzt wissen Sie wie ich leide." Können Sie
dazu etwas sagen?

L: Ich weiß nur eins, das Kreuz ist für mich die Verkörperung der Ewigkeit.

D: Ein anderer Patient hat offen bekannt: „Ich hätte
lieber in der Steinzeit gelebt, ich halte das Leben in
unserer modernen Zeit nicht aus. Ich werde mich
umbringen." Können Sie diesen Mann verstehen?

L: Ich kämpfe gegen den Fortschritt, ich will, dass
sich die Gesellschaft in das Mittelalter zurück entwickelt. Die Wissenschaft macht alles zu kompliziert.
Schizophrenie ist ein Träumen und Stimmenhören.
Ich habe einen wunderbaren Traum gehabt: Eine
Stimme hat mich gefragt: „Willst Du nicht bei uns leben?" Ich habe nein gesagt, sonst wäre ich nicht
mehr aufgewacht. Meine Mission ist mitzuarbeiten,
dass das 21. Jahrhundert das Jahrhundert der Magie
wird. Ich hoffe, dass ich meine Freunde im Himmel
wieder sehe.

D: Warum können Sie sich gegen die Attacken nicht wehren?

L: Sie kommen von den bösen Geistern. Die Attacken haben einen Sinn, ich verstehe diesen jedoch nicht. Die Geister versuchen in der Attacke alles zu widerlegen, was ich sage. Die Geister attackieren auch meine Freunde, die Kuscheltiere.

D: Wer bin ich eigentlich?

L: Ich kann alles wissen, was ich will. Ich frage jetzt gerade die Geister: Sie sind Maria Mutter Gottes. Die Mutter Gottes besetzt Sie und Sie sind ihre Marionette. Ich will aber jetzt den Geistern keine Frage stellen, weil ich mit Ihnen, dem Doktor, sprechen will. Die Geister sprechen mit meinem Mund mit. Manchmal rutscht mir etwas aus dem Mund heraus, was genial ist: „Gott gibt sogar Sündern eine Chance." Das hat mir irgendein Geist gesagt. Solange ich normal mit jemandem reden kann, sind die Stimmen abgeschaltet. Ich kann mit meiner Frau normal reden. Wenn ich alleine bin, sind jedoch die Geister ständig da. Ich weiß nicht, nach welchen Kriterien die Attacken kommen. Jetzt nehme ich 100 Tropfen Psychopax dagegen und lege mich dann hin.
Ich bin mein Leben lang schizophren, ich brauche das Ansehen in der Gesellschaft. Ich möchte gerne meinen Aufsatz, den ich über den 11. September geschrieben habe, der Öffentlichkeit zugänglich machen. Können Sie mir dabei helfen?

Interpretation

Bei diesem Patienten steht sein wahnhaftes Wirklichkeitserleben absolut unter dem Handlungszwang
(Mitterauer 1991) seiner befehlsgebenden und kom-
mentierenden akustischen Halluzinationen. Er beginnt daher meistens eine Frage mit „Die Geister sagen" ... zu beantworten. Aufgrund seines Verlustes
der Selbst-Grenzen ist es dem Legionär nicht einmal
möglich, die Geister in deren Eigenschaften zu be-
nennen, was andere Schizophrene häufig tun. Bei
ihm ist es nicht die Stimme von irgendwem, sondern
seine kosmischen Ideen werden zu Geistern
schlechthin. Gleichzeitig leidet er aber unter der
Nicht-Machbarkeit seiner Ideen. Dieser Patient leidet zeitweise massiv unter seinen wahnhaften Beein-
trächtigungen (Attacken), gegen die er sich nicht
wehren kann. Wie ich bereits bei der molekularen
Hypothese ausgeführt habe, leiden Schizophrene
existentiell darunter, dass sie nichtmachbare Programme nicht verwerfen können. Hier liegen die ei-
gentlichen Wurzeln des „schizophrenen" Holismus.
Im Zeiterleben des Legionärs scheint eine Dialektik
zwischen einer Intention nach „paradiesischer" Voll-
endung und evolutiver Entwicklung verborgen zu
sein. Es sind aber auch „zu späte" Momente vorhanden, er hätte lieber im Mittelalter leben wollen. Der
Gesamteindruck ist jedoch, dass es ihm um die
„Ewigkeit" geht, die er ja selbst verkörpert. Der lapi-
dare Ausspruch des Legionärs „da ist die Unendlich-
keit, dann komme ich" lässt aber wiederum evolutive
Tendenzen vermuten.

Eindrucksvoll ist aber auch, dass für den Legionär alle Dinge beseelt sind: die Pflanzen, die Steine, die

Kuscheltiere etc. So musste er beispielsweise wegen
seines panpsychistischen Wirklichkeitserlebens seine
Tätigkeit in der Gärtnerei abbrechen, da er sich ge-
weigert hat, Blumen abzuschneiden, weil er kein
Mörder sei. Seither wird er nur mehr für Aufräumear-
beiten eingesetzt. (Bezüglich der umfangreichen dia-
logischen Falldarstellung siehe Mitterauer 2004 e.)

Fall 4: Der Verlust der Selbst-Grenzen als „ewiges Jetzt"

Der 33-jährige, ledige Max Weber leidet etwa seit
dem Beginn des Erwachsenenalters an einer paranoiden Schizophrenie. Die erste stationäre Aufnahme an einer psychiatrischen Klinik erfolgte jedoch
erst mit 30 Jahren. Erst als es zu gewalttätigen Aus-
einandersetzungen mit den Eltern, bei denen er bis
dahin gewohnt hat, gekommen ist, wurde Herr
Weber psychiatrisch behandelt. Seit dem Jahre 2002
befindet er sich durchgehend in einer psychiatrischen Einrichtung und wird von den Eltern nicht
mehr aufgenommen. Herr Weber erzählt über sein
Leben Folgendes:

Er sei in Salzburg geboren und in intakten familiären
Verhältnissen aufgewachsen. Der Vater sei Musiker,
die Mutter Lehrerin. Er habe noch einen jüngeren
Bruder, welcher gelernter Konditor sei. Er verstehe
sich mit allen Familienmitgliedern prinzipiell gut. Sein
Vater sei ihm gegenüber immer recht offen gewesen.
Seine Mutter sei gelegentlich böse und schimpfe ihn,
was ihm weniger behage. Seine Kindheits- und Ju-
gendzeiterinnerungen seien größtenteils positiv. Er habe 4 Klassen Volksschule und 3 Klassen Hauptschule

besucht. 1985 sei die Familie in ein selbstgebautes
Eigenheim gezogen. Nach dem Hauptschulabschluss
sei er auf das Gymnasium gewechselt, wo er die
4 Klassen zwar besucht, jedoch die Matura nicht ab-
gelegt habe. Er habe zu dieser Zeit schon seelische
Probleme gehabt. In den darauf folgenden Jahren
habe er 3 verschiedene Lehren angefangen, diese jedoch jeweils nach kurzer Zeit abgebrochen. Inzwischen beziehe er eine Invalidenrente.

Max Weber begleitet seit dem 5. Lebensjahr eine
„Lichtgestalt", eine Dame. Er ist schließlich zur Überzeugung gelangt, dass diese Dame der allmächtige
Gott ist. Zuletzt habe sich die Dame bei ihm gemeldet
und gesagt, dass er bald bei ihr sein werde. Dort sei es
unerträglich schön. Er könne aber die Dame gar nicht
sehen, weil er so klein und sie so groß sei.
Er ist ständig mit Engeln in Kontakt und hält sich für
den Nachfolger Gottes. Aber auch der Teufel spielt
eine Rolle, wobei er mit Luzifer einen guten Kontakt
pflege. Zeitweise fühlt er sich aber auch von unbe-
kannten Wesen verfolgt, welche ihm große Angst be-
reiten. Er hört sowohl gute als auch böse Stimmen.
Der Patient sieht zeitweise „Schattengestalten". Es
gibt für ihn keine zeitlichen und örtlichen Veränderungen, nur das Jetzt. Alles ist schon immer da gewesen und bleibt so.

Für Max Weber ist von existentieller Bedeutung,
dass das Wohnhaus seiner Eltern der einzige Ort auf
der Welt ist, an dem er leben kann. Dieser Ort ist
zeitlos und ewig. Er ist der absoluten Überzeugung,
dass dieser Ort nur ihm zusteht und es außer ihm
keine Menschen auf der Welt gibt.
Auf der Station bekam er eines Tages zunehmend das

Gefühl, dass er die Menschen um ihn herum nicht mehr erkennt. So sah er jeden Menschen, der sich bewegte, nicht einfach, sondern mehrfach als unterschiedliche Personen. Zu dieser Zeit hat der Patient offensichtlich die Medikamente nicht mehr genommen, denn auf eine einschlägige antipsychotische Medikation konnte er die Patienten und die Betreuungspersonen zwar wieder erkennen, qualitative Unterschiede zwischen ihm und den Menschen bzw. Dingen der Umwelt sind für ihn jedoch nicht vorhanden.

Interpretation

Das wahnhafte Wirklichkeitserleben dieses Patienten ist von Zeitlosigkeit, einem „ewigen Jetzt" getragen. Hier tritt der Verlust der Selbst-Grenzen eindrucksvoll im subjektiven Zeiterleben hervor. Die Generalisierung der Hirnfunktionen führt aber auch zu einer zeitlosen Örtlichkeit, nämlich sein Elternhaus. Dieser Ort verkörpert gleich seinem Gehirn das Universum schlechthin. Wenngleich die antipsychotische Medikation zwar eine leidliche psychosoziale Anpassung erzielt hat, so hat sich dennoch an der wahnhaften Fehlinterpretation der Realität bei diesem Patienten nichts geändert. Vor allem aber leidet er unter dem Klinikaufenthalt, einem für ihn absolut unpassenden Ort. Die Lebensqualität dieses Patienten ist nur dann zu verbessern, wenn ihn die Eltern wieder zu Hause aufnehmen, was die Mutter leider nach wie vor entschieden ablehnt.

Unbehandelt kann sich der Verlust der Selbst-Grenzen aber auch in einem wahnhaften Orientierungsverlust (Mitterauer 1983) zeigen. Bei diesen Patienten kommt

es zu einer „Vervielfältigung" der Menschen seiner
Umgebung, so dass sie nicht mehr erkannt werden
können. Diese totale Auflösung der Selbst-Grenzen
führt zur Orientierungslosigkeit, womit eine existentiel-
le Angst einhergeht, vergleichbar einem Todeserlebnis.

Fall 5: Verlust der Selbst-Grenzen als holistischer Größenwahn und Pantheismus

Der 42-jährige Thomas Karl leidet seit etwa 5 Jahren
an einer paranoiden Schizophrenie. Bereits vor Ausbruch der Schizophrenie bestand eine kombinierte Persönlichkeitsstörung mit paranoiden, schizoiden und
ängstlich-vermeidenden psychischen Störfaktoren. Bei
den zahlreichen stationären Aufnahmen wurde anfangs
die Diagnose einer Alkoholabhängigkeit gestellt.

Über seine Lebensgeschichte berichtet Herr Karl
Folgendes:
Er sei am 31.10.1962 in Klagenfurt ehelich geboren.
Seine Eltern hätten sich jedoch scheiden lassen, als
er etwa 9 Jahre alt gewesen sei. Er habe daraufhin
5 Jahre bei seinem Vater, von Beruf Zimmerer, in Linz
gelebt. Als Kind sei er „sehr schlimm und aggressiv"
gewesen. Insgesamt habe er seine Kindheit als sehr
triste erlebt. Sein Vater sei sehr streng gewesen, „ein
richtiger Nazi". Er sei von ihm viel geschlagen worden. Die inzwischen 70-jährige Mutter sei sehr nett,
jedoch schwer krank. Ab und zu habe er noch Kontakt
zu seiner Schwester, einer Schneiderin.

Er habe 5 Klassen Volksschule und 4 Klassen Hauptschule sowie eine Kfz-Mechanikerlehre absolviert.

Bis zum „schicksalsträchtigen Tag der Amtshand-
lung" im April 1999 sei er immer einer Arbeit nach-
gegangen. Trotz seiner langjährigen Alkoholprobleme
habe er seine Arbeit nie vernachlässigt. Er habe aber
auch eine politische Partei gegründet und sei vorübergehend politisch sehr erfolgreich gewesen. Aufgrund einer „Polizeimisshandlung" sei er seit 1999
arbeitsunfähig und inzwischen in Frühpension.

Eine 1986 geschlossene Ehe sei nach 3 Jahren wieder
geschieden worden. Aus dieser Beziehung stamme eine Tochter, zu der er keinen Kontakt mehr pflege. Seit
seiner Scheidung seien mehrere Lebensgemein-
schaften zustande gekommen. Die letzte Lebensge-
meinschaft sei 1999 in Brüche gegangen.

Der Patient leidet durchgehend unter massiven paranoid-halluzinatorischen Erlebnissen und hat aufgrund eines vermeintlichen Unrechts durch die Polizei einen Querulantenwahn entwickelt, indem er un-
entwegt gegen das gesamte Rechtssystem und für die
Arbeiterschaft kämpft. Er hört die Stimme Gottes,
kann mit Gott reden und hält sich dabei selbst für
Jesus Christus, der für die Armen und gegen das Un-
recht kämpft. Eine Zeit lang hatte er aber auch die
Stimme von Nostradamus gehört, der ihm befohlen
hat, die Menschheit zu vernichten. Herr Karl kann
alle Ereignisse für die Menschheit vorhersagen. Zeitweise hat er auch das Gefühl, den Weltuntergang zu
erleben. Er weiß sofort, wenn jemand ein schlechter
Mensch ist, weil er dann sein stinkendes Fleisch
riecht. Nicht nur er selbst ist göttlich, sondern auch
alle Dinge und Lebewesen des Universums.

Herr Karl sieht nachvollziehbar überhaupt nicht ein,

dass er psychisch krank sein soll und wehrt sich tag-
täglich mit heftigen Worten und Schriften dagegen.
Beispielsweise hat er der Stationsärztin folgende
„Analyse meines Geisteszustandes" geschrieben:
„Ich bin Geist, ich bin Materie, ich bin alles was ich
sein will;
ich bin nicht fassbar, ich bin der Heilige Geist;
Materie wird zur Antimaterie, Antimaterie wird zur
Materie;
ich bin Gedanke, Wort, Schrift, nur Geist, Seele,
Glaube, Hoffnung, Liebe, Verderben, Leben, Tod,
Wiedergeburt;
ich bin Geist, das vollkommene Wesen. Der Geist
siegt über die Materie;
ich bin das kleinste Teilchen;
ich erschaffe Geist, ich vernichte Geist;
ich erschaffe Wellen und vernichte Spezies;
ich bin ein hüllenloses Wesen;
ich reise zu Welten und fahre Galaxien;
ich bin ein elektromagnetisches Feld;
ich bin entstanden durch den Urknall;
ich dehne mich aus, ich bin die Macht;
ich bin alles und nichts;
ich bin der erste und der letzte meiner Spezies;
ich bin der Ursprung alles geistigen Lebens;
ich bin ein negativer Teil und ein positiver Teil;
ich bin das kleinste fassbare Teilchen und das größte
fassbare Teilchen des Universums."

Ein anderes Mal teilt der Patient über sein Wirklichkeitserleben Folgendes mit:

„Ich habe Kopfschmerzen, der Input ist zu groß, der
Kopf ist zu klein für mein Gehirn. Immer, wenn der
„Trottel da oben" (= Gott) mir Signale gibt, wird der

Kopf zu klein. Da bin ich nämlich gleichzeitig jede Person, die ich sein will. Ich muss die Leute nur einen Tag studieren und kann dann von jeder Person innerhalb von zwei Tagen die Persönlichkeit annehmen, durch die Form des Gespräches, durch das Gehabe, durch das auffällige Verhalten und anhand der Kleidung. Heute bin ich : Soldat, Revolutionär, Arzt, Anwalt, Sandler, Arbeiter, General, Theologe, Poet, Schriftsteller, aber auch Polizist oder Hitler. Ich habe aber deswegen keine Persönlichkeitsstörung. Ich nehme die anderen Persönlichkeiten an, um für mein Recht zu kämpfen, um die anderen mit ihren eigenen Waffen zu schlagen. Auch Gott und Satan sind ein- und derselbe."

Interpretation

Diese „Selbstdarstellungen" des Patienten demonstrieren eindrucksvoll, dass das wahnhafte Wirklichkeitserleben völlig holistisch ist und sich die Selbst-Grenzen aufgelöst haben. Hier schreiben sich die Sätze des Gehirns des Patienten gleichsam selbst (von Förster 1974). Wenngleich Herr Karl oberflächlich gesehen unter einem Querulantenwahn leidet, ist er eigentlich von einem megalomanen kosmischen Wirklichkeitserleben bestimmt. Er erlebt sich als göttliches „hüllenloses" Wesen. Er kann nicht nur zwischen der Individualität seiner Mitmenschen und deren qualitativen Unterschieden nicht unterscheiden, sondern er selbst ist jede dieser Personen. Bei diesem Patienten haben sich sowohl die ontologischen Grenzen als auch die begrifflichen Grenzen aufgelöst. Es geht immer nur um das Allgemeine schlechthin, nicht um einen oder mehrere bestimmte Arbeiter, sondern um die gesamte Arbeiterschaft im Universum.

Da sich der Patient viel mit der Bibel und metaphysischen Fragen beschäftigt, verallgemeinert sich sein Wirklichkeitserleben auch dahingehend, dass er pantheistisch denkt. Es kommen aber immer wieder „Einbrüche", in denen er unter seiner Dysintentionalität leidet. Im Kampf gegen das Rechtssystem empfindet er von Zeit zu Zeit seine Wehrlosigkeit. Für Argumente, diesen aussichtslosen Kampf zu verwerfen, ist Herr Karl völlig unzugänglich und leidet unter der Nicht-Realisierbarkeit seiner Idee, der Menschheit das endgültige Recht zu bringen. Da sich Herr Karl laufend Probleme mit den Gerichten einhandelt und aufgrund seiner Ausdrucksweise für gefährlich gehalten wird, ist die Verbesserung der Lebensqualität dieses Patienten eine extreme Herausforderung an das Behandlungsteam.

Fall 6: Dysintentionalität und Schwangerschaftswahn

Die 43-jährige Maria Weber ist in einem kleinen Dorf in der Nähe von Salzburg geboren. Der Vater war Kraftfahrer und ist an einem Herzleiden verstorben, als sie 6 Jahre alt war. Er ist selten zuhause gewesen, so dass sie sein Tod nicht besonders getroffen hat. Ihre vorrangige Bezugsperson ist immer die Mutter gewesen. Mit ihr hat Maria Weber nach wie vor einen guten Kontakt. Die Mutter hat wieder geheiratet, so dass sie noch einen Halbbruder hat. An die Kindheit kann sie sich nur wenig erinnern. Der Großvater mütterlicherseits hat an einer Schizophrenie gelitten.

Nach dem Besuch der Grundschule, wo sie mit dem Lernen keine Probleme hatte, hat sie eine Buchhalterlehre angefangen. Nach einem Jahr ist sie jedoch

nach München „ausgerissen" und hat mit 16 Jahren
für 3 Jahre in einem Nachtclub gearbeitet. Mit etwa
19 Jahren ist sie dann psychisch krank geworden
und musste nach Salzburg zurückkehren. Zu diesem
Zeitpunkt war der erste Aufenthalt in einer psychiatrischen Klinik erforderlich. Seither ist es zu 76 stationären Aufnahmen gekommen. Seit 10 Jahren befindet sich die Patientin in Frühpension. Frau Weber
war nie verheiratet und hat auch keine Kinder.

Der bisherige Krankheitsverlauf ist durch eine um-
fangreiche Krankengeschichte der Landesnervenklinik Salzburg sehr gut dokumentiert. Anfänglich
(1986) wurde die Diagnose einer paranoiden Psychose gestellt. Dann sind vorwiegend depressive Zustandsbilder mit Selbstmordversuchen aufgetreten.
Etwa 5 Jahre lang wurde sie in den Krankenge-
schichten als Borderline-Patientin geführt. Ab Jänner
1992 wechselte die Diagnose zwischen paranoider
Schizophrenie und schizoaffektiver Psychose. Aufgrund einer mehrmonatigen klinischen Beobachtung
und Behandlung der Patientin kann jedoch mittlerweile kein Zweifel bestehen, dass sie an einer chronischen paranoiden Schizophrenie leidet.
Schon am Beginn der Erkrankung war Maria Weber
überzeugt, von verschiedenen Männern schwanger
zu sein. Gleichzeitig leidet sie durchgehend unter
akustischen Halluzinationen, die ihr Verhalten kom-
mentieren, sie beschimpfen („Hure etc.") und auch
Befehle erteilen.
Das wahnhafte Wirklichkeitserleben der Patientin
hat sich zuletzt so dargestellt: Auffallend ist zunächst, dass ihr psychobiologischer Zustand rasch
wechselt, wobei sich ein Biorhythmus von etwa
48 Stunden beobachten lässt. Frau Weber ist etwa

2 Tage lang eher heiter und agil, kann ihre „Stimmen" weitgehend ignorieren. Sie sage zur Stimme einfach: „Halts Maul." Dann kommt es aber fast regelmäßig zu einem Einbruch im Sinne eines allgemeinen Schwächegefühles und einer „Wehrlosigkeit" ihren Wahnideen gegenüber. In Gesprächen ist sie dann sehr dysphorisch.

Das Gefühl der Schwäche führt sie auf ein Kästchen zurück, das ihr nach ihrem Selbstmordversuch vor vielen Jahren von einem Chirurgen irrtümlich eingebaut wurde. Eigentlich war dieses Kästchen für Saddam Hussein bestimmt. In diesem Kästchen befinden sich zwei Eheringe, einer ist für ihre Mutter bestimmt. Zusätzlich wurde ihr auch ein Knochen aus dem Skelett von Jesus Christus eingebaut. Diese Gegenstände können nur von einem Chirurgen „enthoben" werden, wobei Frau Weber klar ist, dass ihr diese Geschichte keiner glauben wird. Eine zweite Möglichkeit, diese Gegenstände zu entfernen, geschieht in einer Geburt. Während der Schwangerschaft kann man über die Vagina die letzten Reste der „Teufelsmaschine" entfernen. Dies ist auch der Grund, warum die Patientin schon so viele imaginäre Schwangerschaften erlebt hat. „Teufelsmaschine" deswegen, da ihr von ihrer Mutter vor vielen Jahren eine solche eingebaut wurde. Die meisten Teile hat sie jedoch durch ihre vielen „Schwangerschaften" schon los werden können.

In ihrer Brust hat sie auch zwei Pergamentröllchen eingebaut, so eine Art Testament ihrer Mutter, eine „Schulderklärung" und einen „Freispruch". Hierbei geht es um „IHN", einen Patienten der Klinik und Freund, um „SIE", ihre Mutter, ihren Wunsch, der Mitpatient möge endlich frei kommen aus den Fängen der Psychiatrie und um das Erbe ihrer Mutter, einen Bauernhof. Der Anfang dieser Geschichte hat etwas mit der Mafia und der Scientology zu tun, dort, so deutet die Patientin an, ist etwas geschehen, was man am ehesten mit den Geschichten um die Enklave des Malers Nietsch vergleichen kann.

Was den Schwangerschaftswahn betrifft, so berichtet die Patientin Folgendes:

„In den letzten Tagen sei es ihr sehr schlecht gegangen. Alles sei in ihrem Kopf durcheinander gegangen, sie sei froh, heute die Spritze bekommen zu haben, jetzt gehe es ihr schon deutlich besser. Es wäre wohl gut, mit der behandelnden Ärztin öfter über die leisen Gedanken, die man sonst nie ausspricht, zu reden. Im September habe ein Vietnamese bei ihr genächtigt, davon sei sie mit einem Sohn schwanger. Dieses Kind sei in den Bauch einer alten bettlägrigen Frau gegeben worden, die bereit gewesen sei, ihr zu helfen. Ein anderes Kind bekomme sie von einem anderen Mitpatienten, auch dieses Kind sei jetzt im Bauch einer anderen Frau. Nun sei sie daraufgekommen, dass sie auch noch von einem weiteren Mitpatienten schwanger sei. Kürzlich sei das Kind über Nacht in ihrem Bauch gewesen, sie habe es genau spüren können. Jetzt sei es jedoch wieder in den Bauch einer anderen Frau gegeben worden. Sie sei sehr verwirrt und fühle sich unter Stress, da sie auf einmal so viele Kinder bekommen sollte. Es sei aber andererseits sehr wichtig, noch ein Kind zu bekommen, um endlich ihr Kästchen los zu werden. Sie habe sich daher entschlossen, das Kind vom Vietnamesen selbst zu gebären und es dann dem Vater zu überlassen. Gesundheit gehe ihr nämlich vor, sie fühle sich nicht in der Lage, ein Kind aufzuziehen. Kinder entstehen bei ihr durch eine spezielle Art der „Nächtigung", sie könne sich das selbst

nicht so erklären, es sei für sie ein Geheimnis. Ebenso
wenig könne sie sich erklären, wie die Kinder von ihrem Bauch in den Bauch einer anderen Frau „gegeben" werden, nur der Arzt könne das, das sei ein
„Ärztegeheimnis". Die Kinder könnten nicht jeder
Frau gegeben werden. Welche Frau eines bekomme,
das bleibe ein Geheimnis.

Sie habe gehört, wie die Leute über sie reden und hat
auf diese Weise erfahren, dass ihr eine Haftstrafe dro-
he, wenn sie nicht eines der Kinder auf die Welt bringe. Dies habe zu ihrem Entschluss beigetragen, das
Kind des Vietnamesen zu gebären. Das Kind komme
am 15.08.2004 auf die Welt, sie mache bereits konkre-
te Pläne. Es werde wohl kurz vor der Geburt wieder
in ihren Bauch zurückgegeben werden, dann wür-
den die Wehen einsetzen und sie werde ins Landes-
krankenhaus überstellt. Sie werde sich dafür keinen
neuen Schlafrock kaufen, da sie ihr Geld für Geträn-
ke und Zigaretten brauche. Sie habe es nun satt, dass
die Kinder dauernd aus ihr „herauspurzeln".

Interpretation

Man kann zunächst davon ausgehen, dass die Wahn-
thematik von der Lebensgeschichte der Patientin geprägt ist. Ihre Seele ist, was die zwischenmenschlichen Begegnungen betrifft, vor allem im Sexualbe-
reich massiv traumatisiert. Maria Weber wurde schon
als Jugendliche in einem Nachtclub, wo sie arbeitete,
offensichtlich massiv sexuell missbraucht. Sie ist dann
im Erwachsenenalter, bereits psychisch krank, immer
wieder einer Promiskuität verfallen, wodurch sich die
traumatischen Begegnungen wiederholten.

Die paranoide Schizophrenie dieser Patientin ist wesentlich Ausdruck der Nicht-Machbarkeit ihrer Intention, ein kreatives Sexualleben zu führen, nämlich Mutter eines Kindes zu werden. Ihre Scheinwelt
der vielen Schwangerschaften wird daher als dysintentional erlebt und erlitten. Zwischenmenschliche
Begegnungen werden als totale körperliche Eigenbeziehung (Autoreferenz) wahnhaft fehlinterpretiert.
Sie trägt eine „Teufelsmaschine" in sich, die einen
Coitus (gemeinsamen Weg mit einem Partner) unmöglich macht, da sie alles zerstört. Frau Weber
kann sich gegen ihre „Stimmen" nicht wirklich wehren, ist ständig nicht realisierbaren „Liebesbeziehun-
gen" ausgeliefert, da sie das Nichtmachbare aufgrund ihrer psychobiologischen Störung nicht verwerfen kann.
Gleichzeitig besteht ein Verlust der Selbst-Grenzen,
der sich in einer besonderen Spielart des Doppel-
gängertums zeigt. Die Patientin ist nämlich überzeugt, dass ihre Schwangerschaften gleichzeitig von
verschiedenen Frauen ausgetragen werden. Sie
kann daher weder ihre eigene Individualität noch
die der mitmenschlichen Umgebung wirklich erkennen. Mit anderen Worten: das Selbst und die Anderen sind dasselbe.

Fall 7: Verlust und Wiedergewinn der Selbst-Grenzen

Der 29-jährige Florian Kern leidet etwa seit seinem
18. Lebensjahr an einer paranoiden Schizophrenie
und betrieb jahrelang einen symptomatischen Alko-
hol- und Drogenmissbrauch. Seine Lebensgeschichte stellt er im Wesentlichen wie folgt dar:

Er sei am 28. 9. 1975 in Salzburg geboren. Er sei als
Drittgeborener zusammen mit seinen drei Brüdern in
der Nähe von Salzburg aufgewachsen. An seinen Vater,
der im Alter von etwa 40 Jahren bei einem im alkoho-
lisierten Zustand verursachten Autounfall ums Leben
gekommen sei, habe er keine Erinnerungen, da er damals erst 3 Jahre alt gewesen sei. Er sehe seinen Vater
jedoch manchmal „in seinen Visionen". Er glaube, dass
sein Vater, ein Alkoholiker, von Beruf Kraftfahrer gewesen sei. Seine Mutter habe somit ihre 4 Söhne alleine
aufziehen müssen. Sie sei von Beruf Schneiderin in
einer Kleiderfirma. Mit seiner Mutter habe er sich
nicht viel abgegeben. Einmal habe er zu ihr gesagt,
dass er arbeitslos sei und sie solle ihm sofort ein Geld
geben, sonst müsse sie sterben. Befragt nach seinen
Kindheitserinnerungen gibt er an, dass diese schon in
Ordnung seien. Er habe 2 bis 3 Jahre einen Kindergar-
ten besucht, danach 5 Klassen Volksschule, wobei er
die 4. Klasse wegen Problemen in Mathematik wiederholen habe müssen. In der 3. Hauptschulklasse sei er
gleich ins Polytechnikum überstellt worden. Den Poly-
technischen Lehrgang habe er jedoch mit recht gutem
Erfolg absolviert und anschließend die dreijährige
Metzgerlehre mit der Gesellenprüfung abgeschlossen.

Nach Abschluss der Lehre habe er nur noch sporadisch
gearbeitet, weil es ihn nicht mehr interessiert und ge-
freut habe. Ansonsten habe er nur ein paar Monate da
und dort gearbeitet. Im Übrigen habe er teils von der
Unterstützung seiner Mutter und der Großeltern, teils
vom Arbeitslosengeld gelebt. Zusätzlich habe er auch
durch Diebstähle sein Leben finanziert.

Bis zu seinem 20. Lebensjahr habe er im Hause seiner Mutter gelebt. Danach habe er teilweise ein Zim-

mer gemietet und teilweise bei Freunden Unter-
schlupf gefunden. Er sei aber auch immer wieder ob-
dachlos gewesen und auf der Straße gestanden.
Seine drei Brüder führten im Unterschied zu ihm ein
ganz normales bürgerliches Leben. Sie hätten alle
einen Beruf erlernt und leben in stabilen privaten
Verhältnissen.

Nachdem ihn die Mutter hinausgeschmissen hatte,
sei er in Österreich herumgezogen und mehrmals in
verschiedenen Nervenkliniken aufgenommen worden. Zuletzt sei er viele Monate in einer Nervenkli-
nik in der Steiermark gewesen. Zur Zeit befindet sich
der Patient in der Christian-Doppler-Klinik Salzburg.

Krankheitsverlauf

Wie bereits ausgeführt, ist die paranoide Schizophrenie
etwa mit dem 18. Lebensjahr aufgetreten. Nach einigen
kurzfristigen Aufnahmen erfolgte im Jahre 1999 ein
mehrwöchiger stationärer Aufenthalt an der Christian-
Doppler-Klinik Salzburg, wo der Patient über sein
wahnhaftes Wirklichkeitserleben Folgendes berichtete:

„Er erlebe laufend Erscheinungen. Er sei ferngesteuert. Deswegen setze er sich jetzt ab und schlafe ein
paar Jahre, denn er habe ja die letzten 5 Jahre nicht
mehr geschlafen. Er sei schon öfter gestorben, aber er
habe unendlich viele Leben, denn sein Körper beste-
he aus einem Stoff, den kein Mensch trennen kann.
Er sei „quasi die Ewigkeit". Nach jedem Tod fehle
ihm etwas, beispielsweise ein Zahn, Haare oder seine
Haut verfalle immer mehr. Alles werde schlechter.
Weinen könne er nicht mehr, denn er habe kein Wasser mehr, er sei ausgetrocknet und aus Stein.

Er wisse genau wie die Welt da in Salzburg entstanden sei, er sei nämlich der Herrscher der ganzen
Welt: „Ich kann alles und ich weiß alles, aber ich will
meine Ruhe haben." Auf die Frage, ob er schon immer diese Überzeugung hatte, meint der Patient:
„Ich weiß nichts: vielleicht hat es mir nicht getaugt,
in der Metzgerei Tiere umzubringen". Verschiedene
Horrorfilme, wie zB die Alien-Filme nehme er ganz
ernst, als Wirklichkeit: „Die Welt wird einmal ein
Alien. Irgendwann geht meine Rechnung auf."

Während dieser stationären Behandlung wurde ein
Gespräch mit dem Patienten geführt, welches sein
wahnhaftes Wirklichkeitserleben eindrucksvoll wieder-
gibt:

Gibt es in ihrer Verwandtschaft jemanden, der ähnliche Vorstellungen hat wie Sie?
„Nein".

Wann hat sich für Sie die Welt verändert?
„Seit ich zu arbeiten aufgehört habe, seit dem Jahre
1996."

Warum können Sie nicht mehr arbeiten?
„Mich freut nicht mehr mit den Leuten zu arbeiten."
Haben die Leute etwas gegen Sie?
„Nein es freut mich nur nicht."

Haben Sie in dieser Zeit auch mehr Alkohol getrun-
ken?
„Ja."

Haben Sie auch andere Drogen genommen?
„Ja, auch Tabletten wie zB Ecstasy. Auf die bin ich

ruhiger geworden, konnte endlich wieder schlafen. Auch Speed und gelegentlich Kokain habe ich genommen. LSD habe ich nur einmal probiert. Es hat mir aber nicht getaugt, denn ich bekam davon eine geschissene Optik, die mir solche Angst machte, dass ich mich nimmer aus dem Haus getraut habe. Die Tabletten, vor allem Ecstasy habe ich hauptsächlich auf Partys, speziell zum Tanzen genommen."

Kommen Sie sich selbst auch verändert vor?
„Ja, der eigene Kopf ist ganz anders, entweder total verschwommen oder angeschwollen wie ein Alien."

Wie oft kommt das vor?
„Eigentlich jeden Tag, wenn ich mich im Spiegel anschaue."

Können Sie eigentlich im Kopf auch mit jemandem reden?
„Ja, das ist ein Dauerzustand."

Mit wem reden Sie da?
„Mit irgendwem: Mann, Frau oder irgend einem ausserirdischen Wesen."

Gibt Ihnen diese Stimme im Kopf auch Befehle?
„Ja, wenn ich nicht folge, plärrt und schreit er herum."

Was befiehlt Ihnen diese Stimme zum Beispiel?
„Alles Mögliche: wie ich mich bewegen soll, dass ich dies oder das tun soll ... es ist nie was Reines dabei."

Sagt die Stimme Ihnen gerade etwas?
„Ja, dass ich jeden umlegen soll. Wenn ich blöd tu, kann er mich sofort umlegen oder alles hinmachen

und zerreißen ... aber ich hab keine Angst. Was er sagt, muss ich tun, dann geht's mir gut. Die Stimme kann mir aber nicht immer helfen. Demütigungen muss ich mir gefallen lassen. Ich kann aber auch viel selber machen. Ich brauche den Menschen nur in die Augen schauen, fallen sie schon um. Wenn es arg wird, kommen die anderen. Da ist die eine Welt und hier die andere, die kommt aber und macht die andere hin."

Seit wann genau hat sich die Welt für Sie verändert?
„Seit ich 15 bin. Ich hab so eine Vorstellung, als ich 15 oder 16 war, hatte ich eine Hodenentzündung. Damals hat mich ein Alien gebissen, der war dann drinnen in mir, ich habe ihn heraus zu zwicken versucht und habe ihn paniert, seither ist er ewig in mir. Er würde mir das Herz durchstechen, wenn ich ins Krankenhaus gehe und ihn herausschneiden lasse. Ich komme mir vor wie ein Computer, der eingeschaltet wird und alles machen muss. Ich kann euch alle leben lassen. Es kommt eine andere Erde, wenn ich meinen Auftrag erfüllt habe. Ich muss nur noch Ordnung ins Lot bringen, dann bin ich wieder normal."

Sind Sie dem Teufel schon einmal begegnet?
„Ja schon. Solche Geister hocken und stehen irgendwo da, die sind viel schneller als ich."

Wie kommen Sie mit ihnen zurecht, haben Sie mit diesen Gestalten auch einen Kampf?
„Ja, ich bin mit allem ausgestattet. Ich habe zwei Kanonen, mit denen kann ich alles wegtun, aber eigentlich passt es schon so, wie die Welt ist, obwohl man schon vieles besser machen kann. Ich kann alles, aber manchmal stört was von einer anderen Welt, wie ein Meteorit, der einschlägt. Ich habe einmal

beim Fenster rausgeschaut, da ist ein Dämon oder ein Teufel mit einer Lampe gestanden."

Müssen Sie auch leiden, um Ihren Auftrag zu erfüllen? „Ja, zuerst muss es richtig hart auf hart gehen. Ich habe Erscheinungen wie Engel zB, das sind Realitäten, da kriegt man wirklich solche Angst, dass man von einem 100 m hohen Turm herunter springen kann."

Können Sie auch fliegen? „Ja, kann ich auch, mit dem Nachdenken."

Wie stellen Sie sich die Zukunft vor? „Ich möchte ein normales Leben führen wie meine Brüder. Die haben ein schönes Haus, einen Beruf und sind dabei, ein Kind zu machen."

Im Jahre 2001 erleidet Florian Kern einen katatonen Erregungszustand und wird auf einer psychiatrischen Universitätsklinik entsprechend behandelt. In dieser Zeit treten aber auch epileptische Anfälle auf, wobei sich im EEG/Monitoring keine interiktalen epilepsietypischen Potentiale zeigten. Die Schizophrenie hatte zu diesem Zeitpunkt einen vorwiegend katatonen Verlauf.

Im Jahre 2004 erfolgte die bisher letzte stationäre Aufnahme an der Christian-Doppler-Klinik Salzburg. Im Vordergrund stand zunächst die bereits beschriebene paranoid-halluzinatorische Symptomatik. Der Patient ist mehrere Wochen zurückgezogen, liegt viel im Bett, akzeptiert jedoch die Medikation. Gesprächsangebote oder Beschäftigungen lehnt er meist ab. Er wird jedoch zunehmend unruhig und angespannt. Es tritt eines Tages ein weiterer katatoner Erregungszustand auf, so dass Florian Kern vorübergehend fixiert werden musste. Auf eine einschlägige Behandlung ist der Patient zwar wieder ausreichend kontaktfähig geworden, er erkrankte jedoch schwer an einer Pankreatitis mit Leberbeteiligung. Die Ursache konnte nicht eindeutig abgeklärt werden.

Als sich der Patient nach etwa dreiwöchiger Intensivbehandlung wieder einigermaßen erholt hat, ist gleichzeitig auch eine signifikante Besserung seines psychobiologischen Zustandes eingetreten. Auf sein wahnhaftes Wirklichkeitserleben angesprochen, ist es ihm zunächst peinlich darüber zu reden. Schließlich kommentiert er dieses so: Was er jahrelang in seinem Kopf erlebt habe, sei jetzt weg. Es sei alles für ihn wirklich so gewesen, er habe aber keine Erklärung dafür. Jetzt fühle er sich jedenfalls nicht mehr ferngesteuert. Der Alien sei kein Thema mehr. Stimmen höre er auch keine mehr. Er wolle jedoch die Medikation weiter einnehmen, um nicht wieder wahnsinnig zu werden.

Interpretation

Betrachtet man zunächst den Langzeitverlauf der Schizophrenie von Florian Kern, so bestand über Jahre ein Verlust der Selbst-Grenzen in den begrifflichen, perzeptiven und ontologischen Bereichen. Er hat daher unter einem generalisierten Wirklichkeitserleben in Form von Wahnideen und Halluzinationen gelitten. Seine Zeitauffassung („Ich bin die Ewigkeit") entspricht einem „ewigen Jetzt." Es ist aber auch zweimal ein vorübergehender Verlust der Selbst-Grenzen in den motorischen Systemen im Sinne katatoner Erregungszustände aufgetreten. In seiner tiefen Seele leidet er vor allem aber auch un-

ter einer Dysintentionalität. Als ich ihm beispielsweise die Frage gestellt habe, was die „Stimme" zu
ihm sage, hat er geantwortet: „Alles Mögliche: wie
ich mich bewegen soll, dass ich dies und das tun
soll, es ist aber nie etwas Reines dabei." Hier zeigt
sich die Sehnsucht nach Perfektion und Vollkommenheit, welche jedoch nicht machbar ist.

Nach einer schweren Infektionserkrankung war das
Gehirn des Patienten völlig unerwartet fähig, die
Selbst-Grenzen wieder herzustellen. Zum Zeitpunkt
als dieser Text geschrieben wurde, war der Patient
bereits drei Monate wahnfrei und psychosozial weitgehend unauffällig. Worauf könnte dieser Wiedergewinn der Selbst-Grenzen zurückzuführen sein?
War es eine Spontanremission, deren Mechanismus
wir nicht kennen? Oder war ein "Gene-silencing"
dafür verantwortlich? Ich habe bereits einen Fall ver-
öffentlicht, wo es bei einem Patienten, der unter
einer chronischen therapieresistenten Depression
gelitten hat, nach einer schweren Virusinfektion zu
einer Remission der Depression gekommen ist (Mitterauer 2004 a). Meine Hypothese ist, dass ein Gene-silencing zu dieser Remission geführt hat. Derselbe Mechanismus könnte auch bei Florian Kern am
Werke sein, was wir gerade (September 2004) abzu-
klären versuchen.

Was versteht man unter einem Gene-silencing?
(Abb. 12)

Viele Viren haben eine genetische „Blaupause"
(blueprint), welche vorwiegend von der RNA hergestellt wird. Wenn sie eine Zelle infizieren, dann
werden doppelsträngige Kopien (ds RNA) aus ihrem

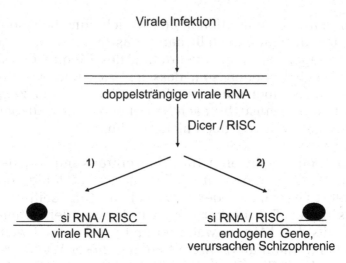

Abb. 12. Diagramm des Gene-silencing-Mechanismus. Ein Virus infiziert eine Zelle und erzeugt eine doppelsträngige Kopie seines genetischen Materials (ds RNA). Das Enzym Dicer spaltet die ds RNA in Stücke, si RNA genannt. RISC bildet dann einen Komplex mit einsträngigen si RNAs und gebraucht diese Stränge für die Identifizierung intakter viraler RNA, welche durch RISC zerstört wird (1). Es wird vermutet, dass die gleichen si RNAs günstigerweise an die überexprimierte „endogene" messanger RNA (m RNA) binden. Handelt es sich dabei um Gene, welche für die Pathophysiologie der Schizophrenie verantwortlich sind, so können die si RNAs diese Gene „stilllegen", was zu einer Remission der Erkrankung führt

genetischen Material hergestellt. Als Reaktion darauf wird der RNA-interference (RNAi)-Mechanismus in der infizierten Zelle aktiviert. Das Enzym Dicer zerschneidet dann die virale ds-RNA in kurze Segmente (je 21–25 Basenpaare). Diese kurzen interferierenden RNAs (si RNAs) werden gebraucht, um die intakte virale RNA zu identifizieren und sie für die Destruktion zu markieren. Wenn nun ein Gen akti-

viert wird, dann produziert seine Sequenz über die
messenger RNA (m RNA) normalerweise ein ent-
sprechendes Protein. Kommt es hingegen zu einer
gestörten Expression (Mutationen) einer oder mehrerer Gene, so kann dadurch eine psychobiologische
Störung entstehen. Damit beschäftigt sich das molekulare Kapitel der vorliegenden Studie. Nun kann
man aber annehmen, dass ein Patient (zB Florian
Kern) mit einem Virus infiziert wurde, welches eine
Sequenz ähnlich dem mutierten Gen enthält. Auf
diese Weise würde die antivirale Reaktion des Patienten überraschenderweise die Expression von
Genen, die die Schizophrenie verursachen, reduzieren oder gar stilllegen (silencing).

Wenn Mutationen in Genen gefunden werden, welche entsprechend meiner Theorie zu funktionsunfähigen glialen Bindungsproteinen führen, so könnte
ein Gene-silencing einen alternativen therapeutischen Ansatz darstellen. Was diesen therapeutischen
Ansatz betrifft, so wurden bereits viel versprechende
Versuche, beispielsweise bei der Hepatitis B durchgeführt (Check 2003).

Exkurs:
Kurt Gödel – Geniale Dysintentionalität
und Vergiftungswahn

Hier handelt es sich um keine Kasuistik, sondern ich
möchte lediglich versuchen, anhand der Biografie
des berühmten Mathematikers und Logikers Kurt
Gödel (Dowson 1999) den Vergiftungswahn dieses
Genies aus der Perspektive der wahnhaften Dysintentionalität zu interpretieren. Dabei muss selbstver-

ständlich auf diagnostische Überlegungen (ICD 10; DSM IV) verzichtet werden, da ich Kurt Gödel persönlich nicht gekannt habe.

Kurt Gödel wurde am 28. April 1906 in Brünn als Sohn eines Fabriksdirektors geboren. Er hatte noch einen älteren Bruder. Er war ein sehr guter Schüler, jedoch introvertiert, empfindlich und etwas kränklich. Mit 8 Jahren bekam er einen rheumatischen Fieberschub, welcher zwar ohne körperliche Schäden ausheilte, seine übergroße Sorge um die Gesundheit und Diät für die weiteren Lebensjahre jedoch geprägt haben dürfte. Nach der Matura im Jahre 1924 im Brünner Realgymnasium inskribierte er an der Wiener Universität. Zuerst wollte er Physik studieren, wechselte aber alsbald zur Mathematik. Sein Bruder studierte bereits Medizin.

Kurt Gödel hat sich dann dem weltberühmten „Wiener Kreis" angeschlossen, wo er vor allem den Wissenschaftsphilosophen Rudolf Carnap und den Mathematiker Karl Menger kennen gelernt hat, so dass er begann, sich mit mathematischer Logik und Philosophie zu befassen. Damals wurden auch parapsychologische Phänomene untersucht, was Gödel besonders faszinierte. Jahre später hat er einem engen Freund (Oskar Morgenstern) gegenüber bemerkt, dass er es höchst merkwürdig empfinde, dass die Wissenschaft des 20. Jahrhunderts zwar Elementarteilchen entdeckt, aber die Möglichkeit von elementaren psychischen Faktoren nicht einmal in Betracht gezogen habe. Gödel teilte nicht den logischen Positivismus des Wiener Kreises, sondern war platonischer Realist. Denn Gödel war der Überzeugung, dass es außer den physikalischen Objekten

noch eine Welt abstrakter Begriffe gibt, die den Menschen durch intuitive Anschauung zugänglich sind.
Dieses Weltbild half ihm, seine revolutionären mathematischen Erkenntnisse zu gewinnen.

Am Beginn der 30-er Jahre des vorigen Jahrhunderts
wurde Gödel schlagartig durch zwei Publikationen
in der Fachwelt berühmt. Es handelte sich dabei um
seine Doktorarbeit, aber vor allem um die Habilitationsschrift „Über formal unentscheidbare Sätze der
Principia Mathematica und verwandter Systeme"
(1931). Diese Arbeit hat die Grundlagen der Mathematik erschüttert, denn Gödel hat bewiesen, dass
mathematische Systeme prinzipiell unvollständig
sind. (Näher dazu siehe Nagel und Newman 1958.)

Gödel verbrachte das akademische Jahr 1933/34 am
Institute for Advanced Study in Princeton (USA), wo
er Vorlesungen über seine Unvollständigkeitssätze
hielt. Er sollte dann auch in den folgenden Jahren
lehren, erlitt jedoch unterdessen in Wien einen seelischen Zusammenbruch. Er erholte sich dann wieder,
kehrte 1935 nach Princeton zurück, bekam jedoch
nach einem Monat einen erneuten Rückfall und war
längere Zeit arbeitsunfähig. 1937 hielt er wieder Vorlesungen in Wien.
In Princeton hat sich Gödel in psychiatrische Behandlung begeben, aber mangels Zugang zu seiner vertraulichen Patientenakte bleibt die Diagnose eine
Spekulation. Vermutlich ist zunächst eine Art Hypochondrie aufgetreten: Gödel beschäftigte sich zwanghaft mit seiner Ernährung und Verdauung – mehr als
20 Jahre führte er täglich Buch über seine Körpertemperatur und die Einnahme eines Mittels gegen Magenübersäuerung. Zunehmend kam Gödel jedoch zur

Überzeugung, dass er vergiftet werde. Er aß nur sehr wenig und war chronisch unterernährt. Überraschenderweise haben diese psychischen Probleme Gödel bei seiner Arbeit relativ wenig beeinträchtigt.

Nach einer langen Verlobungszeit hat Gödel im September 1938 die Tänzerin Adele Porkert geheiratet, was für seine Eltern ein Skandal gewesen ist. Gödel hat dann wiederum in den USA über seine spektakulären Forschungsergebnisse Vorlesungen gehalten. Seine neuerliche wissenschaftliche Leistung bestand darin, dass er einige umstrittene Aspekte der Mengenlehre aufgeklärt hat. Arbeitslos und verzweifelt aufgrund eines Einberufungsbefehles zur Deutschen Wehrmacht, verschaffte ihm und seiner Frau das Institute for Advanced Study (Princeton) die rettenden Ausreisevisa. Im Jänner 1940 reisten sie dann über Asien, Japan und San Francisco nach Princeton. Gödel hat die USA dann nie wieder verlassen. In der Emigration gab Gödel die Mengenlehre auf und wandte sich der Relativitätstheorie zu. In Princeton verband ihn eine Freundschaft zu Albert Einstein, der sich sehr um ihn gekümmert hat.
Professor wurde Kurt Gödel erst 1953. Diese Verzögerung hatte zum Teil mit Zweifeln an seiner geistigen Gesundheit zu tun. Unter anderem hatte sich Gödel öffentlich beklagt, dass aus seinem Kühlschrank giftige Gase entweichen. Trotz alledem war Gödel bereits als mathematisches Genie weltweit anerkannt und erhielt zahlreiche Mitgliedschaften wissenschaftlicher Institutionen und Ehrungen. Dass Gödel überhaupt so lange am Leben geblieben ist, verdankt er vor allem seiner Frau. Sie hat jahrelang die Speisen „vorgekostet" und ihn immer wieder so weit gebracht, dass er überhaupt etwas gegessen hat.

Neben Einstein hat sich auch ein guter Freund sehr um Gödel gekümmert. Als seine Frau schwer erkrankt ist, stand ihr Gödel zwar aufopfernd zur Seite, zog sich jedoch immer mehr zurück und war zuletzt aufgrund seines Vergiftungswahns nur mehr „Haut und Knochen." Nachdem Einstein 1955 gestorben war und auch sein Freund Oskar Morgenstern etwas später starb, musste Gödel allein mit seinem Vergiftungswahn fertig werden. Rasch verfiel er und hungerte sich aus Furcht vor Vergiftung buchstäblich zu Tode. Er starb am 14. Jänner 1978.

Kurt Gödel hatte sich in den letzten Jahren seines Lebens intensiv mit Religion beschäftigt und war von einem Weiterleben im Paradies absolut überzeugt. Diesbezüglich hat er mehrere Briefe an seine Mutter geschrieben, in denen er seine Argumente leidenschaftlich vorgetragen hat (Pickover 1999). Als Logiker hat Gödel auch einen „ontologischen Gottesbeweis" verfasst, der von der Nachwelt jedoch weitgehend negativ kritisiert wird (Pickover 1999).

Interpretation

Unter dem Vorbehalt, dass sich die folgenden Überlegungen ausschließlich auf die Biographie Kurt Gödels nach Dowson (1999) beziehen, glaube ich dennoch das Verständnis der „Verwandtschaft" von Genie und Wahn im Lichte meiner Wahntheorie etwas vertiefen zu können. Betrachten wir zunächst das Weltbild Kurt Gödels. Es ist von einem platonischen Realismus getragen. Damit ist ausgedrückt, dass nicht nur physikalische Objekte, sondern auch abstrakte (geistige) Dinge im Universum tatsächlich (real) vorhanden sind.

Gödel hat sich daher gewundert, warum sich die Wissenschaft des 20. Jahrhunderts nur mit physikalischen Objekten (Elementarteilchen) und nicht auch mit psychischen Elementen beschäftigt hat.

Gleichzeitig war sein mathematisch-logisches Weltbild von Vollkommenheit (Vollständigkeit) im Sinne eines perfekten Holismus bestimmt. Nun war es aber er selbst, der aufgrund seiner genialen mathematischen Fähigkeiten nachweisen musste, dass seine Intention nach Vollständigkeit mathematischer Systeme nicht realisierbar ist. Gödels Leben war daher spätestens ab diesem Zeitpunkt von einer existentiellen Dysintentionalität bestimmt.

Wenngleich er aufgrund einer genetischen genialen Fähigkeit seines Gehirns, formal und intuitiv mathematisch zu denken weitere grundlegende Studien erarbeiten konnte, ist es dennoch zu einer totalen körperlichen Eigenbeziehung (Autoreferenz) im Sinne eines Vergiftungswahns gekommen. In anderen Worten: die Nicht-Machbarkeit seiner Intention nach Vollkommenheit in dieser „irdischen Welt" hat sich am eigenen Körper abgespielt, indem Gödel der absoluten Überzeugung war, dass alle Dinge dieser Welt (Nahrung etc.) seine geniale mathematische Fähigkeit, eine vollkommene Mathematik zu beweisen, zerstören und vernichten. Folgt man diesen Überlegungen, so ist Gödel der Grenzen setzenden Funktion zwischen seiner inneren und äußeren Welt unterscheiden zu können, verlustig geworden.

Was das Zeiterleben von Gödel betrifft, so war es von einer Sehnsucht nach dem Paradies getragen. Da im Paradies alles vollkommen ist, müsste an diesem Ort

auch die Mathematik vollkommen (vollständig be-
weisbar) sein. Man könnte auch sagen, Gödel hat
sich auf der irdischen Welt durch seinen Unvollstän-
digkeitsbeweis selbst „vergiften" müssen, da er an
diesem unpassenden Ort seine Fähigkeiten nicht voll
entwickeln bzw. realisieren konnte. So gesehen hat
er unter einer noch Nicht-Machbarkeit seiner Ideen
gelitten (Mitterauer 1989). Sein ontologischer Gottesbeweis ist daher nur ein Versuch geblieben, seinen Glauben an die Existenz Gottes zu beweisen.

Obwohl Gödel selbst in seiner genialen mathematischen Abhandlung bewiesen hat, dass mathematische Systeme prinzipiell unvollständig sind, war
er unfähig, dieses Nicht-Machbare seiner Intention,
eine vollständige Mathematik zu formalisieren, zu
verwerfen. Ist diese Unfähigkeit, das Nicht-Machbare zu verwerfen auf ein Non-splicing der Intronen
zurückzuführen? Ich vermute, dass Gödel als platonischer Realist und aufgrund seines holistischen
Weltbildes keinen Sinn sehen würde, dass die Natur
Dinge verwirft, um den Preis, intentionale Programm-
me realisieren zu können. Im platonischen Realismus ist ja das Greifbare (codierende) und das Abstrakte (nicht-codierende) real und gleichbedeutend.
Überlegt man sich schließlich, dass es in der Geschichte der Mathematik viele geniale Mathematiker
(zB Gauß) gibt, die unter keinem Wahn gelitten haben, so ist es im Falle Kurt Gödels nahe liegend, dass
genetische Mechanismen für seine psychobiologische Störung wesentlich verantwortlich waren. Zumindest sind – außer einer schwächlichen Gesundheit von Kindheit an – keine signifikanten psycho-
traumatischen Ereignisse oder exogene Stressfak-
toren vor Ausbruch des Vergiftungswahns bekannt.

Ausblicke

Meine interdisziplinäre Theorie der Schizophrenie ist zumindest auf der molekularen Ebene überprüfbar. Bis Sommer 2004, als dieser Text geschrieben wurde, waren gliale Bindungsproteine lediglich bei Molusken nachweisbar. Da die Natur in ihrer molekularen Ausstattung der Lebewesen wenig Unterschiede macht und höhere Hirnleistungen erst durch die Komplexität zellulärer Interaktionen des zentralen Nervensystems zustande kommen, ist zu erwarten, dass in naher Zukunft auch bei Menschen gliale Bindungsproteine in den verschiedenen Transmittersystemen gefunden werden. Ist dieser Nachweis gelungen, so müssten diese Untersuchungen auch am post-mortem-Hirngewebe Schizophrener durchgeführt werden. Sodann ist die genaue Abklärung der Strukturen der glialen Bindungsproteine sowie die Bestimmung anderer Transmitter-bindenden Proteine, deren Genexpression, Proteinkonzentration etc. erforderlich. Gleichzeitig muss nach Mutationen (loss of function) in Genen gesucht werden, welche den Splicingmechanismus kontrollieren und ein Non-splicing verursachen. Dieses eher aufwendige Forschungsprojekt könnte aufgrund eines völlig neuen Ansatzes der Schizophrenieforschung zumindest kreative Impulse geben.

Sollte die molekulare Hypothese verifiziert werden, dann ergibt sich ein neuer Therapieansatz in der bio-

logischen Behandlung der Schizophrenie (Holophrenie). Man könnte von einer Proteinsubstitutionsthe-
rapie sprechen. Abhängig von den betroffenen Transmittersystemen in tripartiten Synapsen müssten die
entsprechenden glialen Bindungsproteine substituiert werden. Elektronisch gesteuerte technische
Vorrichtungen sind bereits vorhanden und werden
laufend optimiert. Die nicht unüberwindbare
Schwierigkeit liegt allerdings darin, dass die Substi-
tution der glialen Bindungsproteine in einem Milli-
sekundenrhythmus erfolgen muss, da nur in diesem
Zeittakt ein negatives Feedback in den betroffenen
tripartiten Systemen wieder hergestellt werden kann,
so dass die gliale Grenzen setzende Funktion auf der
zellulären Ebene in Kraft tritt.

Sollte es gelingen, nicht funktionierende gliale
Bindungsproteine in den verschiedenen tripartiten
Synapsen nachzuweisen, dann könnte auch auf mole-
kularer Ebene eine Typologie der Schizophrenien erfolgen. In der klinischen Langzeitbeobachtung zeigt
sich bekanntlich, dass sich der psychobiologische Zustand der meisten Patienten von Zeit zu Zeit ändert.
Zeitweise ist ein Patient in seinem Wirklichkeiter-
leben total von seinen Wahnideen bestimmt, dann
wieder treten sie mehr in den Hintergrund oder eine
katatone Symptomatik bzw. eine affektive Gleichgültigkeit (Affektverflachung) tritt in Erscheinung. Es
dürfte sich bei diesen Zustandsveränderungen um
eine unterschiedlich ausgeprägte Störung in den für
das jeweilige Verhalten verantwortlichen tripartiten
Synapsen handeln. Dabei könnten die glialen Bindungsproteine entsprechend dieser Zustandsverände-
rung substituiert werden. Es ist nahe liegend, dass für
diese Veränderungen des psychobiologischen Zustan-

des schizophrener Patienten, welche in unterschiedlichen und individuellen Biorhythmen ablaufen,
Mutationen in Clock-genen verantwortlich sind.
Clock-gene kontrollieren nämlich die Expression vieler Gene und wahrscheinlich auch Gene, die für die
Expression der glialen Bindungsproteine verantwortlich sind. Auch diese Annahme ist experimentiell
überprüfbar, da man schon sehr viel über diese molekularen Oszillatoren weiß, beispielsweise dass hier
ebenfalls ein negativer Feedbackmechanismus am
Werke ist (Dunlap et al. 2004).

Eine differentialdiagnostische Überlegung, welche
aus dieser Theorie der Schizophrenie folgt ist diese:
Definiert man den schizophrenen Wahn als einen totalen Verlust der Selbst-Grenzen, so ist die wahnhafte Störung hingegen als partieller Verlust der Selbst-
grenzen zu verstehen. Wir sind ja davon ausgegan-
gen, dass das Selbst aus vielen Subsystemen besteht
und sich das Gehirn daher aus vielen ontologischen
Orten (Wirklichkeitsbereichen) zusammensetzt, welche jeweils bestimmte Wirklichkeitsbereiche in der
Umwelt verkörpern. Ein partieller Verlust der Selbst-
Grenzen bedeutet daher, dass sich die Selbst-Grenzen von Subsystemen aufgelöst haben, was zu einer
wahnhaften Fehlinterpretation der betroffenen Wirklichkeitsbereiche führt. Diese Annahme entspricht
auch der klinischen Beobachtung.

Wenn ich immer wieder von einer psychobiologischen Störung spreche, welche wir Schizophrenie
nennen, so soll damit ausgedrückt sein, dass wir es
trotz aller Fortschritte biologischer Forschung und
Behandlung immer mit einem metaphysischen Hintergrund zu tun haben werden, den wir Seele nen-

nen. Ich teile daher uneingeschränkt die Meinung
von Hartmann Hinterhuber (1999), dass die Psychiatrie Seelenheilkunde bleiben soll.

Zweifelsohne hat die Entwicklung von antipsycho-
tischen Medikamenten eine Verbesserung der psy-
chosozialen Anpassungsfähigkeit schizophrener Patienten ermöglicht, wenngleich diese Medikamente
keinen wirklich kausalen Effekt im Sinne einer Hei-
lung haben. Die derzeitige Behandlung muss sich
daher wesentlich auf eine möglichst gute Lebensqualität unserer Patienten konzentrieren. Unabhän-
gig davon, ob meine Theorie experimentiell verifiziert werden kann, zeigt sich schon jetzt im Umgang
mit den Patienten, dass diese Theorie ein tieferes
Verständnis des „schizophrenen" Wirklichkeitserlebens ermöglicht. Vor allem das Konzept der Dysintentionalität im Sinne der Nicht-Machbarkeit „intro-
nischer" Ideen macht uns verständlicher, worunter
diese Patienten eigentlich leiden. Damit können wir
auch treffendere Fragen stellen und auf diese Weise
immer tiefer in die Wahnwelt unserer Patienten „hin-
eingehen".

Literatur

Abi Darghan A (2003) Evidence from brain imaging studies for dopaminergic alterations in schizophrenia. In: Kapur S, Lecrubier Y (eds) Dopamine in the pathophysiology and treatment of schizoprenia. Martin Dunitz, London, pp 15–47

Antanitus DS (1998) A theory of cortical neuron-astrocyte interaction. Neuroscientist 4: 154–159

American Psychiatric Association (1998) Diagnostic and statistical manual of mental disorders. American Psychiatric Association, Washington DC

Araque A, Parpura V, Sanzgiri RP, Haydon PG (1999) Tripartite synapses: glia, the unacknowledged partner. Trends Neurosci 22: 208–214

Auld DS, Robitaille R (2003) Glial cells and neurotransmission: an inclusive view of synaptic function. Neuron 40: 389–400

Baars BJ (1996) Understanding subjectivity: global workspace theory and the resurrection of the observing self. J Consc Stud 3: 211–216

Barbour J (1999) The end of time. Weidenfeld and Nicolson, London

Bezzi P, Volterra A (2001) A neuron-glia signalling network in the active brain. Curr Opin Neurobiol 11: 387–394

Brüne M (2004) Schizophrenia – an evolutionary enigma? Neurosci Behav Rev 28: 41–53

Bruno G (1982) Von der Ursache, dem Prinzip und dem Einen. Meiner, Hamburg

Carpenter WT, Buchanan RW (1995) Schizophrenia: introduction and overview. In: Kaplan HI, Sadock BJ (eds) Comprehensive textbook of psychiatry VI, vol 1. Williams and Wilkins, Baltimore, pp 889–902

Charles A, Giaume C (2002) Intercellular calcium waves in astrocytes: underlying mechanisms and functional significance. In: Volterra A, Magistretti PJ, Haydon PG (eds) The tripartite synapse. Glia in synaptic transmission. Oxford University Press, Oxford, pp 110–126

Check E (2003) RNA to the rescue. Nature 425: 10–12

Churchland PS (2002) Self-representation in nervous systems. Science 296: 308–310

Conrad K (1958) Die beginnende Schizophrenie. Thieme, Stuttgart

Cooper MS (1995) Intercellular signalling in neuronal-glial networks. BioSystems 34: 65–68

Cooper GM, Hausmann RE (2004) The cell: an molecular approach. ASM Press, Washington DC

Cotrina ML, Gao Q, Lin JH, Nedergaard M (2001) Expression and function of astrocytic gap junctions in aging. Brain Res 901: 55–61

Damasio AR (1992) The selfless consciousness. Behav Brain Sci 15: 208–209

Damasio AR (1994) Descartes´ error. Grosse H/Putnam, New York

Damasio AR (1999) The feeling of what happens. Harcourt, New York

Davis KL, Kahn RS, Ko G, Davidson M (1991) Dopamine in schizophrenia: a review and reconceptualization. Am J Psychiatry 148: 1474–1486

Diels H (1957) Die Fragmente der Vorsokratiker. Rowohlt, Hamburg

Dollfus S, Petit M (1995) Negative symptoms in schizophrenia: their evolution during an acute phase. Schizophr Res 17: 187–94

Dowson JW (1999) Kurt Gödel und die Grenzen der Logik. Spektrum der Wissenschaft 9: 74–79

Dunlap JC, Lovos JJ, De Coursey (eds) (2004) Chronobiology. Sinauer Associates, Sunderland, MA

Edelmann G (1992) Bright air, brilliant fire: on the matter of the mind. Basic Books, New York

Engel AG, Ohno K, Wang H, Milone M, Sine SM (1998) Molecular basis of congenital myasthenic syndromes: mutations in the acetylcholine receptor. Neuroscientist 4: 185–194

Fields RD (2004) Die unbekannte Seite des Gehirns. Spektrum der Wissenschaft 9: 45–56

Fields RD, Stevens-Graham B (2002) New insights into neuron-glia communication. Science 298: 556–562

Fisher S, Cleveland SE (1968) Body image and personality. Dover, New York

Foerster H v (1960) On self-organzing systems. In: Yovits MC, Cameron S (eds) Pergamon Press, London, pp 31–50

Foerster H v (1974) Kybernetik einer Erkenntnistheorie. Biological Computer Laboratory, University of Urbana, Illinois

Freud S (1963) Psychoanalytische Bemerkungen über einen autobiographisch beschriebenen Fall von Paranoia. Gesammelte Werke, Bd VIII. Fischer, Frankfurt, S 239–320

Freud S (1969) Vorlesungen zur Einführung in die Psychoanalyse. Gesammelte Werke, Bd XI. Fischer, Frankfurt

Frith CD (1979) Consciousness, information processing and schizophrenia. Br J Psychiatry 134: 225–235

Frith CD (1987) The positive and negative symptoms of schizophrenia reflect impairments in the perception and initiation of action. Psychol Med 17: 631–648

Frith CD (1999) The cognitive neuropsychology of schizophrenia. Psychology Press, East Sussex

Galambos R (1961) A glia-neural theory of brain function. Proc Natl Acad Sci 47: 129–136

Gallo V, Ghiani CA (2001) Glutamate receptors in glia: new cells, new inputs and new functions. Trends Pharm Sci 21: 252–258

Gallo V, Giovanni C, Suergin R, Levi G (1989) Expression of excitatory amino acid receptors by cerebellar cells of the type-2 astrocyte cell linkage. J Neurochem 52: 1–9

Gray JA (1991) The neuropsychology of schizophrenia. Behav Brain Sci 14: 1–84

Günther G (1962) Cybernetic ontology and transjunctional operations. In: Yorvits MC, Jacobi GT, Goldstein GD (eds) Self-organizing systems. Spartan Books, Washington

Günther G (1963) Das Bewußtsein der Maschinen. Agis, Krefeld

Günther G (1971) Natural numbers in trans-classic systems. J Cybernetic 1/2: 23–33

Günther G (1973) Life as poly-contexturality. In: Fahrenbach H (Hrsg) Wirklichkeit und Reflexion. Neske Verlag, Pfullingern, S 187–210

Harrison PJ, Eastwood SL (1998) Prefrontal involvement of excitatory neurons in medial temporal lobe in schizophrenia. Lancet 352: 1669–1673

Haydon PG (2000) Neuroglial networks: neurons and glia talk to each other. Curr Biol 10: R712–R714

Haydon PG (2001) Glia: listening and talking to the synapse. Nature Rev Neurosci 2: 185–193

Hemsley DR (1987) Hallucinations. Unintended or expected? Behav Brain Sci 10: 532–533

Hinterhuber H (2001) Die Seele – Natur- und Kulturgeschichte von Psyche, Geist und Bewusstsein. Springer, Wien New York

Holden C (2003) Deconstructing schizophrenia. Science 299: 333–335

Huntsmann MM, Tran BV, Potkin SG, Brunney WE, Jones EG (1998) Altered ratios of alternatively spliced long and short gamma 2 subunit mRNAs of the gamma-amino butyrate type A receptor in prefrontal cortex of schizophrenics. Proc Natl Acad Sci USA 95: 15066–15071

Iberall AS, McCulloch WS (1969) The organizing principle of complex living systems. Transact ASME 6: 290–294

Johnstone EC, Humphreys MS, Lang FH, Lawrie SM, Sandler R (1999) Schizphrenia. Cambridge University Press, Cambridge

Kettenmann H, Ransom BR (eds) (1995) Neuroglia. Oxford University Press, New York

Kilmer WL, McCulloch WS, Blum J (1969) A model of the vertebrate central command system. Int J Man-Mach Stud 1: 279–309

Kimelberg HK, Jalonen TO, Aoki C, McCarthy K (1998) Transmitter receptor and uptake systems in astrocytes and their relation to behavior. In: Laming PR, Sykova E, Reichenbach A, et al (eds) Glial cells: their role in behaviour. Cambridge University Press, Cambridge, pp 107–129

Kraepelin E (1913) Psychiatrie, 8. Aufl. Barth, Leipzig

Leibniz GW (1956) Monadologie. Meiner, Hamburg

Liu K, Bergson C, Levenson R, Schmauss C (1994) On the origin of mRNA encoding the truncated dopamine D3-type receptor D3nf and detection of D3nf-like immunoreactivity in human brain. J Biol Chem 269: 29220–29226

Lewis DA (2000) Is there a neuropathology of schizophrenia? Recent findings converge on altered thalamic-prefrontal cortical connectivity. Neuroscientist 6: 208–218

Maier W, Hawellek B (2004) Neuentwicklungen in der Erforschung der Genetik der Schizophrenie. In: Möller HJ, Müller N (Hrsg) Schizophrenie. Springer, Wien New York, S 63–72

Martin DL (1995) The role of glia in the inactivation of neurotransmitters. In: Kettenmann H, Ransom BR (eds) Neuroglia. Oxford University Press, New York, pp 732–745

Matussek P (1963) Psychopathologie. In: Gruhle, Jung, Mayer-Gross, Müller (Hrsg) Psychiatrie der Gegenwart. Springer, Berlin, S 23–76

McGlashan TH, Hoffman RE (1995) Schizophrenia: psychodynamic to neurodynamic theories. In: Kaplan HT, Sadock BJ (eds) Comprehensive textbook of psychiatriy VI, vol 1. Williams and Wilkins, Baltimore, pp 957–968

Meltzer H (2003) Multiple neurotransmitters involved in antipsychotic drug action. In: Kapur S, Lecrubier Y (eds) Dopamine in the pathophysiology and treatement of schizophrenia. Martin Dunitz, London, pp 177–205

Mitterauer B (1980) Die Logik des Wahns. Confin Psychiat 23: 173–186

Mitterauer B (1982) Die Holophrenie: Eine Systemtheorie der wahnhaften, selbstbezogenen Orientierungslosigkeit. In: Mitterauer B, Rainer R (Hrsg) Der gewandelte Schizophreniebegriff. Beltz, Weinheim, S 189–210

Mitterauer B (1983) Biokybernetik und Psychopathologie. Das holophrene Syndrom als Modell. Springer, Wien New York

Mitterauer B (1989) Architektonik. Entwurf einer Metaphysik der Machbarkeit. Verlag Christian Brandstätter, Wien

Mitterauer B (1991) Aktuelle Fragen der Begutachtung der Zurechnungsfähigkeit. ÖJZ 46: 662–669

Mitterauer B (1998) An interdisciplinary approach towards a theory of consiousness. BioSystems 45: 99–121

Mitterauer B (2000a) Some principles for conscious robots. J Intelligent Syst 10: 27–56

Mitterauer B (2000b) Clock genes, feedback loops and their possible role in the etiology of bipolar disorders: an integrative model. Med Hypotheses 55(2): 155–159

Mitterauer B (2000c) Zur Pathogenese der Schizophrenie. Neurobiologische Theorien und Hypothesen. Psychopraxis 8: 22–32

Mitterauer B (2001a) The loss of ego boundaries in schizophrenia: a neuromolecular hypothesis. Med Hypotheses 56(5): 614–621

Mitterauer B (2001b) Machbarkeit und Verwerfung. Kybernetik in der Tradition von Warren S, McCulloch, Günther G. Humankybernetik 42(2): 72–79

Mitterauer B (2001c) Clocked perception system. J Intelligent Syst 11: 269–297

Mitterauer B (2003a) The loss of self-boundaries: towards a neuromolecular theory of schizophrenia. BioSystems 72: 209–215

Mitterauer B (2003b) Das Prinzip des Narzissmus – Modell der polyontologischen Selbstreferenz. Grundlagenstudien aus Kybernetik und Geisteswissenschaften Bd 44, Heft 2: 82–87

Mitterauer B (2003c) The eternal now: towards an interdisciplinary theory of schizophrenia. The bi-monthly Journal of the BWW Society

Mitterauer B (2004a) Gene silencing: a possible molecular mechanism in remission of affective disorder. Med Hypthesis 62: 907–910

Mitterauer B (2004b) Imbalance of glial-neuronal interaction in synapses: a possible mechanism of the pathophysiology of bipolar disorder. Neuroscientist 10: 199–206

Mitterauer B (2004c) Non-functional glial proteins in tripartite synapses: a pathophysiological model of schizophrenia. Neuroscientist (in Druck)

Mitterauer B (2004d) Too soon on earth. Towards an interdisciplinary theory of schizophrenia. Journal PPP (in Druck)

Mitterauer B (2004e) Löwenherz. Dialoge über die Grenzen. Verlag Bibliothek der Provinz, Linz München

Mitterauer B, Pritz WF (1978) The concept of the self: a theory of self-observation. Int Rev Psycho-Anal 5: 179–188

Mitterauer B, Kopp C (2003) The self-composing brain: towards a glial-neuronal brain theory. Brain Cogn 51: 357–367

Mitterauer B, Leitgeb H, Reitboeck H (1996) The neuro-glial synchronization hypothesis. Rec Res Dev Biol Cybernet 1: 137–155

Mitterauer B, Garvin A, Dirnhofer R (2000) The sudden infant death syndrom (SIDS): a neuromolecular hypothesis. Neuroscientist 6: 154–158

Mizukami K, Ishikawa M, Hidaka S, et al (2002) Immunohistochemical localization of GABA (B) receptor in the entorhinal cortex and inferior temporal cortex of schizophrenic brain. Prog Neuropsychopharmacol Biol Psychiatry 26: 393–396

Nagel E, Newman JR (1958) Grödel's proof. New York University Press, New York

Newman J (1997) Putting the puzzle together, part I. Towards a general theory of the neutral correlates of consciousness. J Consc Stud 4: 47–66

Newman EA, Zahs KR (1997) Calcium waves in retinal glial cells. Science 275: 844–846

Oliet SH, Piet R, Poulain DA (2001) Control of glutamate clearance and synaptic efficacy by glial coverage of neurons. Science 292: 923–926

Ovidius Naso P (1983) Metamorphosen. Artennis Verlag, München Zürich

Parri HR, Gould TM, Crunelli V (2001) Spontaneous astrocytic Ca2+ oscillations in situ drive NMDAR-mediated neuronal excitation. Nat Neurosci 4: 803–812

Pickover CA (1999) Die Mathematik und das Göttliche. Spektrum Akademischer Verlag, Heidelberg Berlin

Pritz WF, Mitterauer B (1977) The concept of narcissism and organismic selfreference. Int Rev Psychoanal 4: 181–185

Pritz WF, Mitterauer B (1980) Bisexuality and the logic of narcissism. World J Psychosynth 12: 31–34

Rall W (1995) Theoretical significance of dendritic trees for neuronal input-output relations. In: Segev I, Rinzel J, Shepherd GM (eds) The theoretical foundation of dendritic function. MIT Press, Cambridge, pp 122–146

Reichenbach A, Skatchkow SN, Reichelt W (1998) The retina as a model of glial function in the brain. In: Lamig PR, Sykova E, Reichenbach A, Hatton GI, Bauer H (eds) Glial cells: their role in behavoir. Cambridge University Press, Cambridge, pp 63–82

Rose CR, Blum R, Pichler B, Lepier A, et al (2003) Truncated TrkB-T1 mediates neurotrophin-evoked calcium signalling in glial cells. Nature 426: 74–78

Rosenzweig S (1987) Sally Beauchchamp's career: a psychoarchaelogical key to Morton Prince's classic case of multiple personality. Genet Soc Gen Psychol Monogr 113: 5–60

Runes DD (1959) Dictionary of philosophy. Littlefield, Adams, Ames

Scheibl ME, Scheibl AB (1968) The brainstem reticular core – an integrative matrix. In: Mesarovic MD (ed) Systems theory and biology. Springer, New York, pp 261–285

Schmauss C (1996) Enhanced cleavage of an atypical intron of dopamine D3-receptor pre-mRNA in chronic schizophrenia. J Neurosci 16: 7902–7909

Shastry BS (2002) Schizophrenia: a genetic perspective. Int J Mol Med 9: 207–212

Sims A (1991) An overview of the psychopathology of perception: first rank symptoms as a localizing sign in schizophrenia. Psychopathol 24: 369–374

Smit AB, Syed NI, Schaap D, van Minnen J, Klumperman J, Kits KS, et al (2001) A glia-derived acetylcholine-binding protein that modulates synaptic transmission. Nature 411: 261–268

Smolin L (1997) The life of the cosmos. Oxford University Press, New York

Smolin L (2004) Quanten der Raumzeit. Spektrum der Wissenschaft 3: 54–63

Strahonja-Packard A, Sanderson MJ (1999) Intercellular Ca2+ waves induce temporally and spatially distinct intracellular Ca2+ oscillations in glia. Glia 28: 97–113

Steriade M (1996) Arousal: revisiting the reticular activating system. Science 272: 225–226

Sykova E, Hansson E, Rönnbäck L, Nicholson C (1998) Glial regulation of the neuronal microenvironment. In: Laming PR, Sykova E, Reichenbach A, Hatton GI, Bauer H (eds) Glial cells: their role in behaviour. Cambridge University Press, Cambridge, pp 130–163

Tegmark M (2003) Paralleluniversen. Spektrum der Wissenschaft 8: 34–45

Teichberg VI (1991) Glial glutamate receptors: likely actors in brain signaling. FASEB J 5: 3086–3091

Ullian EM, Sapperstein SK, Christopherson KS, Barres BA (2001) Control of synapse number by glia. Science 291: 657–660

Volterra A, Magistretti P, Haydon P (2002) The tripartite synapse – glia in synaptic transmission. Oxford University Press, Oxford

Whitehead AN (1947) Essays in science and philosophy. Philosophical Library, New York

Wyatt RJ, Kirch DG, Egan MF (1995) Schizoprenia: neurochemical, viral and immunological studies. In: Kaplan HT, Sadock BJ (eds) Comprehensive textbook of psychiatry VI, vol 1. Williams and Wilkins, Baltimore, pp 927–942

Springer Psychologie

Hartmann Hinterhuber

Die Seele

Natur- und Kulturgeschichte von Psyche, Geist und Bewusstsein

2001. XII, 242 Seiten. 37 Abbildungen.

Gebunden **EUR 29,80**, sFr 51,–

ISBN 3-211-83667-5

Die Vorstellungen der Seele sind heute widersprüchlicher denn je, sie reichen von der „Lebenskraft" hin zur Summe der kognitiven Prozesse, zum Bewusstsein und zur Anima immortalis, der nach dem Tode weiterlebenden Seele. Das Buch führt nicht nur in die Kulturgeschichte des Seelenbegriffes ein, es setzt sich sehr kenntnisreich mit den Ergebnissen der modernen Neurowissenschaften auseinander.

Die biologisch orientierte Neurowissenschaft läuft Gefahr, nicht nur das Innenleben des Menschen, sondern auch dessen biografische Einmaligkeit und Individualität aus dem Blickfeld zu verlieren. Hartmann Hinterhuber versucht zwischen all jenen Wissenschaften zu vermitteln, die sich um ein tieferes Verständnis der Hirnfunktionen und des Bewusstseins des Menschen bemühen und schlägt eine Brücke von der Kulturanthropologie über die Philosophie zu den Neurowissenschaften.

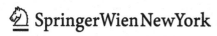

SpringerWienNewYork

P.O. Box 89, Sachsenplatz 4–6, 1201 Wien, Österreich, Fax +43.1.330 24 26, books@springer.at, **springer.at**
Haberstraße 7, 69126 Heidelberg, Deutschland, Fax +49.6221.345-4229, orders@springer.de, springer.de
P.O. Box 2485, Secaucus, NJ 07096-2485, USA, Fax +1.201.348-4505, orders@springer-ny.com
EBS, 3–13, Hongo 3-chome, Bunkyo-ku, Tokyo 113, Japan, Fax +81.3.38 18 08 64, orders@svt-ebs.co.jp
Preisänderungen und Irrtümer vorbehalten.

SpringerPsychologie

Manfred Schmidbauer

Der gitterlose Käfig

Wie unser Gehirn die Realität erschafft

2004. X, 185 Seiten. 26 Abbildungen.
Broschiert **EUR 24,80**, sFr 42,50
ISBN 3-211-20319-2

Die klassische Neuroanatomie scheiterte am Versuch, eine Erklärungsbasis für die Gesetzmäßigkeiten von Kognition, Verhalten, Erinnerung und Emotion zu schaffen. Eine Cartesianische Geist-Körper-Kluft verläuft daher mitten durch die Neurologie und Psychiatrie, die erst jetzt mit neuen neurobiologischen Einsichten eingeebnet wird.

Der Autor entwickelt ein anatomisch und neurophysiologisch orientiertes Verständnis für Gefühle, für die Sexualität, für die trügerische Gewissheit von Erinnerung und die Scheinkompetenz der Sprache, aber auch für die Erstarrungstendenzen unseres rationalen Planens und Verhaltens. Aus dieser Perspektive auf das Leben in Gesundheit und Krankheit zu blicken bedeutet, das eigene Gehirn und seine Funktionen näher kennen zu lernen und dabei zu bemerken, dass dieses Gehirn virtuelle Grenzen – einen gitterlosen Käfig – um unseren Lebensraum, um unsere Realität aufstellt, die so echt wirken, dass man nicht auf die Idee käme, sie in eine neue Freiheit zu überschreiten.

SpringerWienNewYork

P.O. Box 89, Sachsenplatz 4–6, 1201 Wien, Österreich, Fax +43.1.330 24 26, books@springer.at, **springer.at**
Haberstraße 7, 69126 Heidelberg, Deutschland, Fax +49.6221.345-4229, orders@springer.de, springer.de
P.O. Box 2485, Secaucus, NJ 07096-2485, USA, Fax +1.201.348-4505, orders@springer-ny.com
EBS, 3–13, Hongo 3-chome, Bunkyo-ku, Tokyo 113, Japan, Fax +81.3.38 18 08 64, orders@svt-ebs.co.jp
Preisänderungen und Irrtümer vorbehalten.

SpringerPsychologie

Manfred Schmidbauer

Das kreative Netzwerk

Wie unser Gehirn in Bildern spricht

2004. VIII, 215 Seiten. 81 großteils farbige Abbildungen.

Broschiert **EUR 29,80**, sFr 51,–

ISBN 3-211-20834-8

Zeichnen und Malen sind spezifisch menschliche Hirnleistungen und waren ursprünglich keine elitäre Freizeitgestaltung sondern ein lustbegleitetes Lernprogramm in der Auseinandersetzung mit der Umwelt. Sie sind in der Kindheit Vorbote und Begleiter der Sprachentwicklung. Bildliches Gestalten verbindet viele Einzelfunktionen unseres Nervensystems zu einem Aktionskanon und aktiviert Einzelfunktionen, die bei Gehirnerkrankungen beeinträchtigt wurden oder sichtbarer Ausdruck solcher Störungen sind.

Damit können Zeichnen und Malen wertvolle Elemente der neurologischen Diagnostik und Rehabilitation sein. Dieses Buch enthält keine Definition von Kunst, noch werden die beispielhaften Arbeiten neurologischer Patienten als Kunst gesehen, sondern der Autor zeigt die zerebralen Mechanismen, die in ihrem Zusammenwirken zu dieser menschenspezifischen Leistung führen und demonstriert an ausgewählten Beispielen die Auswirkung von organischen Hirnerkrankungen auf das „Funktionsorchester" bildnerischen Gestaltens.

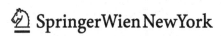

SpringerWienNewYork

P.O. Box 89, Sachsenplatz 4 – 6, 1201 Wien, Österreich, Fax +43.1.330 24 26, books@springer.at, **springer.at**
Haberstraße 7, 69126 Heidelberg, Deutschland, Fax +49.6221.345-4229, orders@springer.de, springer.de
P.O. Box 2485, Secaucus, NJ 07096-2485, USA, Fax +1.201.348-4505, orders@springer-ny.com
EBS, 3–13, Hongo 3-chome, Bunkyo-ku, Tokyo 113, Japan, Fax +81.3.38 18 08 64, orders@svt-ebs.co.jp
Preisänderungen und Irrtümer vorbehalten.

Springer und Umwelt

ALS INTERNATIONALER WISSENSCHAFTLICHER VERLAG
sind wir uns unserer besonderen Verpflichtung der
Umwelt gegenüber bewusst und beziehen umwelt-
orientierte Grundsätze in Unternehmensentschei-
dungen mit ein.

VON UNSEREN GESCHÄFTSPARTNERN (DRUCKEREIEN,
Papierfabriken, Verpackungsherstellern usw.) verlan-
gen wir, dass sie sowohl beim Herstellungsprozess
selbst als auch beim Einsatz der zur Verwendung
kommenden Materialien ökologische Gesichtspunk-
te berücksichtigen.

DAS FÜR DIESES BUCH VERWENDETE PAPIER IST AUS
chlorfrei hergestelltem Zellstoff gefertigt und im
pH-Wert neutral.